模糊信息集结
及共识决策方法研究

李光旭　　　　著

西南财经大学出版社
中国·成都

图书在版编目(CIP)数据

模糊信息集结及共识决策方法研究/李光旭著.—成都:西南财经大学
出版社,2023.11
ISBN 978-7-5504-6029-4

Ⅰ.①模… Ⅱ.①李… Ⅲ.①模糊集—研究②决策方法—研究
Ⅳ.①O159②C934

中国国家版本馆 CIP 数据核字(2023)第 217518 号

模糊信息集结及共识决策方法研究
MOHU XINXI JIJIE JI GONGSHI JUECE FANGFA YANJIU
李光旭 著

责任编辑:石晓东
责任校对:陈何真璐
封面设计:墨创文化
责任印制:朱曼丽

出版发行	西南财经大学出版社(四川省成都市光华村街55号)
网 址	http://cbs.swufe.edu.cn
电子邮件	bookcj@swufe.edu.cn
邮政编码	610074
电 话	028-87353785
照 排	四川胜翔数码印务设计有限公司
印 刷	四川五洲彩印有限责任公司
成品尺寸	170mm×240mm
印 张	10.5
字 数	221 千字
版 次	2023 年 11 月第 1 版
印 次	2023 年 11 月第 1 次印刷
书 号	ISBN 978-7-5504-6029-4
定 价	68.00 元

前　言

　　信息集结及共识达成是多准则决策中的重要组成部分，是指对具备多个准则的有限方案依据某个决策法则进行选择、排序、评估、反馈等的决策分析方法。传统的信息集结及共识达成具有一定的局限性，例如，其研究的内容是在确定型决策的范围内进行考虑和运算的，但现实是，不确定性以及模糊性普遍存在于决策过程当中。在现代的决策分析中，每一个决策者的偏好结构和知识构成是不同的，加之有些评估属性不能具体描述，甚至比较抽象，以及决策的信息有限、决策的背景也比较复杂，这就导致决策者往往不愿意给出精确的数值，而是用不确定信息、模糊信息或者异构信息来表示。同时，由于现代决策环境的复杂性和不确定性，决策过程不再是一个时期或者一个人的事情，而是需要集结多阶段或者多个专家或决策者的评估信息，通过分析专家或决策者间是否存在观点冲突，构建新的信息集结和共识达成方法。

　　因此，如何运用模糊集理论、算子集结理论、优化理论、多准则决策方法以及群决策方法等，通过对模糊信息进行综合分析和评估，合理、准确、有效地获取最终的决策结果是现代决策理论中需要解决的关键问题。为此，本书引入模糊集理论，考虑精确信息、区间型信息、三角模糊数信息、梯形模糊数信息以及泛化的模糊信息等，结合决策理论与方法，建立了能够有效表述模糊偏好信息的模糊决策模型，并在求解过程中有效地确定属性的权重，准确地掌握模糊信息中的规律和因素，使得最终优化的决策结果能最大限度地满足决策者的真实意图。同时，本书考虑时间因素在决策过程中的影响，给出了几种主观思想与客观思想相结合的时间权重确定方法，对多阶段下的模糊多准则决策设计问题的建模和评估方法进行了研究和探讨。另外，本书考虑了多人参与决策过程的群决策方法。在群体决策中，针对如何处理决策信息的异构性并减少信息丢失的问题，提出了一种集成异构信息的群体决策方法，同时在该过程中处理了决策者间的冲突，提出了一种新的共识达成方法。最后，本书把信息集结及共识达成方法扩展到了大群体决策中，针对传统方法将大群体划分为小群体，以缩小群体决策的规模，并将异构信息转换为统一的格式来处理异构问题。本书构建了基于模糊聚类分析的异构大规模群体决策方法来确定合适的小群体分类的多少，以提高决策质量，同时给出了减少决策信息转换过程中的信息丢失的决策方法。

　　本书提出的信息集结及共识决策相结合的方法，具有一定的普适性，不仅能够应用在供应商选择、公司绩效评估、最优投资等方面，更能应用在解决应急决策问题中，对应急决策参与者偏好进行分析，进而提高应急决策的效率。

　　本书的出版得到国家自然科学基金项目（72271043）和教育部人文社会科学研究项目青年基金项目（22YJC630054）的资助。

李光旭

2023 年 8 月 10 日

目　录

1 绪论

1.1 研究背景及意义

1.1.1 研究背景

人们的日常生活离不开决策活动。正如著名管理学家、诺贝尔经济学奖获得者西蒙所说"决策是管理的核心，管理就是决策"（西蒙，1989）。可以说，人类生活中的管理过程自始至终都伴随着决策，决策水平的高低以及决策效果的好坏决定了管理的效率和效果。因此，做好决策问题是管理的重中之重。

随着生产和生活的不断发展，人们的决策活动越来越复杂，人们往往需要同时考虑众多相互矛盾、相互影响、不可替代的因素或准则。整个决策过程是为了实现系统的某些预定目标，通过已有的信息和经验，加之一定的客观条件，应用科学的理论和方法，根据某种评判标准，进行综合的分析、判断和合理的计算，从而选出最优的评估方案，并对该方案的进展和实施进行合理监督和检查，直到目标满足决策要求的过程（赵新泉和彭勇行，2008）。一个完整的决策过程一般分为四个步骤：①提出方案并确定评估目标；②判读自然状况及其概率；③制定可行方案；④评估方案并进行选择。一个完整的决策过程见图 1-1（Kahneman，1982）。

图 1-1 一个完整的决策过程

决策的概念源于《韩非子·孤愤》中"智者决策於愚人，贤士程行於不肖，则贤智之士羞而人主之论悖矣"，指出决策即决定的策略或办法。随着社会的发展，从 16 世纪开始，法国宫廷开始有了赌博顾问，他们开始通过研究概率论和对策论从而对赌博的过程进行决策。而概率论和对策论恰是决策理论形成的开始。

随着运筹学、线性规划、非线性规划、动态规划和网络计划等方法的日趋成熟，决策问题更加引起人们的重视。在 20 世纪 20 年代以后，人们掀起了对单目标决策理论和方法的研究热潮，在此期间单目标决策研究取得了巨大成就。随着社会的进一步发展，人们逐渐意识到单目标决策的不足——实际上单目标决策仅仅是在特殊情形下对决策问题的高度简化，是一种理想状态。它忽视了客观事物普遍存在的多个不能替代的准则，并且它仅仅能满足简单系统的决策需求。然而，在实际生活中，由于事物有其复杂性和多样性，单目标决策不能对之有很好的评估，于是人们对决策理论研究的热潮也逐步转向多准则决策（multiple criteria decision making，MCDM）。在多准则决策过程中，专家根据自身掌握的理论知识，对事物的各个属性进行主观和客观评价，然后通过数学模型进行归纳总结，最后得到综合的评价结果。

多准则决策问题可以根据实际评估过程中遇到的数据类型分为两大类：一类是确定性多准则决策问题，另一类是不确定性多准则决策问题。确定性多准则决策问题主要针对实际中的精确数据，通过建立优化模型进行决策分析，其最优解即为决策问题的解决方案；不确定性多准则决策方法根据决策的方法和理论背景的不同又可分为：随机多准则决策、粗糙多准则决策和模糊多准则决策。根据决策者偏好信息的不同，多准则决策问题可以分为：无偏好信息多准则决策、属性偏好信息多准则决策和方案偏好信息多准则决策（徐玖平和吴巍，2006）。多准则决策方法分类如表 1-1 所示。

表 1-1　多准则决策方法分类

决策者给出的信息类型	信息特征	主要方法
无偏好信息	—	属性占优法、最大最小法、最大最大法
属性偏好信息	标准水平	联合法、分离法
	序数	字典法、删除法、排列法
	基数	线性分配法、简单加权法、TOPSIS、ELECTRE 等
	边际替代率	层次支付法
方案偏好信息	相互偏好	LINMAP 法、交互简单加权法
	相互比较	多维测度法

从应用领域来分，多准则决策方法几乎涉及人类生活中的各个方面。在人们的日常生活中，典型的决策问题有：选车选房、入学择校、招聘人才、企业管理、灾害评估、竞争力评估等。例如，选购汽车时需要考虑的目标有：价格、品牌、油耗、外观、安全性、操控性等；入学择校时需要考虑的目标有：师资力

量、教学质量、学校交通、硬件设施等；灾害评估时需要考虑的目标有：经济损失、人员伤亡、环境破坏及灾后重建等。早期的确定性多准则决策在以上各方面的应用领域中都取得了不错的研究效果，但是随着社会的快速发展，尤其是网络信息时代的到来，在现代的决策分析过程中，每一个决策者偏好结构和知识构成是不同的，加之有些评估属性不能具体描述甚至比较抽象，以及决策的信息有限、决策的背景也比较复杂，这就导致决策者往往不愿意给出精确的数值，而是用不确定信息或者模糊信息来表示，并且在决策过程中，一些事物很难被准确描述，甚至表现出一种亦此亦彼同时不满足排中律的模糊性或者表现出一定的随机性。例如，在对人们身高描绘时的"高"或"矮"；在对物品价格评价时的"贵"或"便宜"等语言变量；在对路程描述时的"2~3公里"等区间数变量。因此，为了解决该问题，模糊多准则决策理论随之出现，并引起了学者们的广泛关注和讨论。

　　模糊理论是一种不确定理论，模糊现象具有内在的不确定性。在决策过程中，许多界限不明确、表述模糊性、数据不精确等问题阻碍了决策科学的正常发展。为了解决这种模糊性的决策问题，1965年，美国著名的控制论专家、加利福尼亚大学的Zadeh教授提出了模糊集（fuzzy set）的概念，并建立了模糊集合理论（Zadeh，1965）。模糊集是对经典Cantor集理论的有益扩充，它将经典二值逻辑扩展到连续区间逻辑，能够更好地处理现实中的模糊问题。模糊集理论的发展与现在信息和决策领域的发展是相辅相成、密不可分的。迄今为止，模糊集理论已经发展成为一门理论、方法与应用并存，并且渗透到各个学科领域的新兴学科，成为当前最有发展前景的理论方法之一，同时也是运筹学、管理科学、决策科学、系统工程、模糊系统理论等相关交叉学科的前沿研究领域，并且在许多实际生活中都获得了卓有成效的应用。例如，将模糊集理论与多准则决策方法相结合，形成了模糊多准则决策方法（fuzzy multiple criteria decision making, FMCDM）（Dubois & Prade，1980；Zimmerman，1987）；将模糊集理论与群决策理论相结合，形成了模糊群决策方法（fuzzy group decision making, FGDM）（Kacprzyk et al.，1992）；将模糊集理论、非经典决策理论以及算子集结理论相结合，形成了模糊信息集结方法（Dubois & Prade，2004）；将模糊集理论、时间序列以及决策理论相结合，形成了模糊动态综合决策（O'Hagan，1987）等。

　　模糊决策方法是决策科学和管理科学发展的必然结果，也是解决管理决策中存在大批模糊性的必要工具，它是以模糊数学为基础来进行量化的决策，在决策过程中它具有以下几个基本特征：①全部或者部分决策信息具有模糊性；②以模糊数学为基础的量化决策方法；③最终的决策结果具有一定的模糊性，但可以转化为确定的结果；④模糊决策同样具有普通决策所具有的一般特征。FMCDM由经典多准则决策发展而来且又结合了模糊集理论，因此在运算法则、数值类型、理想解选择以及测度距离等方面都发生了变化。例如，在运算法则方面，FMCDM中的加、减、乘、除、乘方以及逻辑运算中的极大、极小等运算都需考虑模糊数的隶属度与隶属函数；在数值类型方面，FMCDM中的属性值不再是精确数1、2等，而是用一个近似于某个精确数的模糊数来表示，最常见的模糊数是区间型模糊数和L-R型的模糊数；三角模糊数和梯形模糊数的运算都需考虑隶属度与隶属函数；在理想解选择方面，由于经典多准则决策理论中的属性值用精确数表示，所以正、负理想解的确定比较容易，但是在FMCDM中，模糊数大小的判断随可能度的变化而变化，因此确定起来比较麻烦。在测度距离方面，经典多准则决策中方案与参考基准间的距离测度，用Euclidean距离表示，而在FMCDM中这个距离可以为Hamming距离（Yager，1980）、D_{pq}距离（Mahdavi et al.，2008）以及Hausdorff距离（Nadler，1978）等。

近年来，随着运筹学理论和计算机技术的进一步发展，一些学者也逐渐将数学模型、经济学模型和概率模型等引入决策分析中，运用合理科学的计算方法，从不同角度分析模糊环境下的多准则决策问题和信息集结问题。然而，在已有文献梳理的基础上可以发现，模糊决策理论和方法还不完善，仍有许多问题需要研究。另外，在面临许多错综复杂的决策问题时，单一决策者往往很难做出有效决策，因此人们普遍采用群体决策的方式进行问题决策。群决策（group decision-making，GDM）是由一定组织形式的群决策成员，面对共同的环境，为解决存在的问题并达到预定的目标，依赖于一定的决策方法和方案集，按照预先制定的协同模式进行决策活动。从学科角度而言，群决策是集数学、政治学、经济学、社会心理学、行为科学、管理学和决策科学等多门学科研究于一体的交叉学科，是现代决策理论的重要组成部分。

目前，不完全信息下的FMCDM问题、模糊环境下的信息集结问题、模糊动态决策问题、模糊群决策中的共识达成问题以及大规模群体决策问题已成为当今决策领域所要研究的热点问题。本书也正是在这样的背景下，针对模糊环境下的决策问题、动态决策问题、属性权重信息不完全的决策理论方法以及群决策问题、共识达成问题及其应用进行系统的探讨，以丰富和完善多准则决策理论和群决策理论与方法。

1.1.2　研究意义

决策中模糊信息集结问题和共识达成问题存在于社会生活中的各个领域，是当前科学决策的热门话题之一。同时，多准则决策方法和群决策方法是现代科学决策的核心内容之一，也是科学地管理和处理社会经济系统规划的有力工具。随着社会的发展和实际工作的需要以及管理科学技术的深入研究，管理科学系统和决策科学系统都变得越来越复杂。处理决策问题的过程包含了大量的不确定性信息，如何有效地处理和解决这些不确定信息，成为当今决策科学的一个重点研究课题，因此 FMCDM 方法和群决策方法的出现填补了该决策领域的空白。随着模糊理论和决策科学的进一步发展，探究科学的、有用的、合理的 FMCDM 方法、模糊动态综合评估方法以及群决策方法及其应用，是当今决策科学需要研究的一个重要问题，对人类社会和国民经济的发展有着重大的理论价值和实用意义。

（1）理论意义

经典决策理论往往不能解决不确定性的问题，随着模糊集理论的提出和发展，模糊决策理论和方法得到了广泛的应用。本书结合模糊集理论，提出了基于泛化模糊数的多准则决策方法。该方法能够充分考虑模糊数的内在模糊性，并且拓展了模糊数的应用范围，使得决策过程更加一般化，适应性更强。同时，多准则决策方法给出了基于不同集结算子的模糊信息集结方法，该方法不仅能够集结不同专家的评估信息，而且考虑了属性值之间的相互支撑关系，使得集结后的结果更加符合专家要求。然后，一些决策过程往往还会受到时间因素的影响，因此本书提出了动态综合评估的决策方法，能够合理地解决不同时期下的决策问题，拓展了决策科学的应用范围。另外，当面对大规模的群体和多样的偏好信息，仅仅依靠个人的经验、知识和智慧难以快速给出科学合理的决策。在不确定的群体决策环境下，决策者在与其他决策主体和环境之间进行交互、学习的过程中会不断改变自身偏好，以适应环境变化。因此，在不确定环境下，对大规模群体偏好信息进行分析，探索群体信息集结方式，构建群体共识达成方法和反馈机制，科学、合理、有用、快速地对群体偏好进行动态评价，是当今决策科学和信息科学需要研究和解决的重要问题，该研究成果拓展了国内外目前在多准则决策中信息集结和群体决策领域的研究，能够为专家和学者们在该领域内进行的研究提供相应的学术支撑，也能够为其他方向的研究提供一定的借鉴与参考。

（2）实践意义

生活中无时无刻都存在决策问题，小到买车买房、择校就业，再到部门招聘、企业选址、制定营销方案，大到国家和国际层面的各种法律法规制定、外交选择、国际投资等。在这些决策活动中，有些可以凭借专家经验解决，有些可以运用运筹学方法解决，但是对于那些具有不确定性、具有模糊结构的多准则决策问题，仅仅凭借单个专家经验或经典决策理论是无法解决的。本书拓展的 FMCDM 方法研究了泛化模糊数的一些性质和特征，给出了基于泛化模糊数的多准则决策方法，该方法不但能够解决属性权重部分未知的决策过程，更能根据专家的不同偏好来进行模糊决策，使决策结果更符合实际、更为准确。同时，本书的方法能够集结专家的信息，考虑不同专家的偏好，实现有效的信息集结过程。另外，本书把个体决策扩充到群体决策，解决了基于异构信息的群体决策过程中共识达成的问题，该研究是新形势下决策科学发展的必然结果和趋势，既与社会建设、经济建设的现实需求相符合，也有利于丰富和完善决策理论与方法体系。此外，该方法的研究有望对政府和企事业单位进行更加科学和更精细化的管理，并在经营及决策等方面具有重要的实际应用价值。

　　综上所述，结合模糊集理论和多准则决策方法，针对模糊环境下的多准则决策问题、信息集结问题以及群决策理论方法及其应用的研究，具备显著的理论价值和实际意义。

1.2　研究内容和结构安排

1.2.1　研究内容

　　自从 Zadeh 教授提出了模糊集理论以来，其拓展形式也越来越被更多的专家和学者研究，应用领域也越来越宽广。其中，模糊集理论和决策理论的结合就是一个很热门的研究方向。虽然模糊环境下的多准则决策取得了很大的进展，但它是一个比较新的研究领域，所以很多问题还有待解决。为了更好地研究该决策领域，本书以模糊数学为基础，以多准则决策和群决策为主线，在已有研究的基础上对 FMCDM 方法和 GDM 中共识达成方法进行了拓展，给出适应性更强的 FMC-DM、模糊信息集结方法和模糊群决策方法。信息集结是在 FMCDM 的基础上考虑了不同方案的不同评估信息，对方案整体的信息进行的一种综合评估，是对 FM-CDM 的一个有效扩充，共识达成方法是 GDM 中减少决策者冲突的重要方式，是提高 GDM 决策效率和决策质量的重要过程。本书的研究内容包括：①基于泛化模糊数的 FMCDM 方法研究；②基于组合权重的多阶段模糊多准则决策方法及其应用；③基于非线性集结算子的多阶段动态综合评估方法研究与应用；④基于不确定幂加权几何平均算子的多阶段动态多准则决策方法研究；⑤提出一种整合异构信息的群体共识决策方法；⑥基于模糊聚类分析的异构大规模群体共识决策方法。

1.2.2 结构安排

基于以上内容，本书的结构安排如下：

第 1 章：绪论。本章介绍了本书的研究背景及意义，然后根据研究背景引出本书的研究内容和结构安排，最后给出本书所用的研究方法和主要的创新点。

第 2 章：相关方法及理论基础。本章主要给出研究的理论基础以及相关的研究方法。具体来说，本章首先介绍模糊集理论的相关知识，如模糊数、模糊集合、模糊运算、模糊集排序等理论和方法；其次介绍模糊决策的相关方法，如无偏好信息方法、有属性信息方法、有部分属性信息方法、有方案信息方法和模糊综合决策等方法；最后对国内外关于 FMCDM 方法、GDM 方法及应用的研究进行回顾、梳理和分析，找出该领域尚未解决的一些问题，引出本书的主要内容。

第 3 章：基于泛化模糊数的多准则决策。在现有的关于 FMCDM 方法的研究中，模糊数是个重要的研究对象，当专家对属性信息不能完全确定时，有可能就会用模糊数来表示。在以往的研究中，模糊数大多是区间型模糊数、三角模糊数或者梯形模糊数，然而这些模糊数都是比较特殊的模糊数，并不能完全反映专家的偏好信息，因此本书给出了更加一般的泛化模糊数，当其参数改变时，可以满足不同专家的偏好。另外，本书考虑了决策过程中属性权重部分未知的情形，以便放宽专家决策的条件，最后给出改进的排序方法，避免了在模糊决策问题中模糊数排序时模糊信息丢失的问题。

第 4 章：基于组合权重的多阶段模糊多准则决策。权重是多准则决策方法研究的重点，权重确定在决策过程中关系方案排序结果的正确性和可靠性。权重的确定大体有两种方法，一种是由专家根据经验主观判断而得到的主观权重，另一种是客观性较强的客观权重。然而两种权重各有优缺点，为了集结两种权重的优点，避免其缺点，本章提出一种确定组合权重的方法，然后把该方法与 FMCDM 相结合，同时考虑时间因素对决策过程的影响，给出一种综合的多阶段模糊多准则决策方法并给出其应用。

第 5 章：基于两次信息集结的多阶段综合评估方法。综合评价方法是按照某种评判标准对有限个影响因素的评价对象按照某种科学的评估方法进行评判，并选择一个合适的评估对象的过程。针对传统决策过程中属性权重未考虑集成数据间的相互关系以及时间因素对决策结果的影响等问题，本章提出一种基于两次信息集结的多阶段综合评估方法，并给出其应用。

第 6 章：不确定幂几何加权平均算子的多阶段动态多准则决策。本章在第 5 章的基础上，基于确定环境下的多阶段综合评估方法，把动态的决策方法应用到模糊环境下，结合模糊集理论，强化对模糊信息的处理，使得被评估的信息更加贴近实际；根据不确定幂平均算子，考虑决策属性间的支撑关系，把握决策者要反映汇总值的精致细微差别，进行信息集结；给出一种时间权重的确定方法来计算时间权重；提出一种基于不确定幂几何加权平均算子的动态多准则决策方法。

第 7 章：一种整合异构信息的群体共识决策方法。前面章节主要考虑个体决策，但是在现实生活中，面临许多错综复杂的决策问题，单一决策者往往很难做出有效决策，因此人们普遍采用群体决策的方式进行问题决策。本章以多个决策者的评估信息为出发点，结合模糊集理论和传统群决策方法，给出一种整合异构信息的群体共识决策方法，考虑决策者间的共识达成过程，并通过对决策者间意见的不断修改和调整，提升决策者间的共识程度，进而提高决策者对决策结果的满意度。

第 8 章：基于模糊聚类分析的异构大规模群体共识决策方法。本章在第 7 章研究的基础上，把群决策问题扩展到大规模群体决策问题，传统大规模群体决策过程将大群体划分为小群体，以缩小群体决策的规模，并将异构信息转换为统一的格式来处理异构问题。然而这些方法面临两个挑战：如何确定合适的小群体分类的多少，以及如何避免或减少转换过程中的信息丢失。为了解决这两个难题，本章构建了基于模糊聚类分析的异构大规模群体共识决策方法，结合统计学方法确定满意分类群组；结合新构建的相似度，建立共识达成过程和反馈机制，以避免决策过程中的信息转换，最后给出在应急预案选择中的应用

第 9 章：结论与展望。本章对全书进行了概括和总结，阐述了本书研究的局限性，同时给出了将来进一步的研究目标和方向。

1.3　研究方法和主要创新点

1.3.1　研究方法

多准则决策是决策理论的重要组成部分，是运筹学与管理科学的重要分支之一。该方面的研究涉及的学科众多，如管理学、经济学、应用统计学、决策科学等。在该问题的研究中，1957 年 Churchman 等人开始使用简单加权方法来处理多准则决策问题。20 世纪六七十年代，效用理论和级别优先序理论得到了迅速发展，在此期间，多准则决策方法也层出不穷，如多属性效用理论（MAUT）（Fishburn，1974；Huber，1974）、ELECTRE（Benayoun et al.，1966）、PROMETHEE（Brans & Mareschal，1992）、QUALIFLEX（Paelinck，1997）、REGIME（Hinloopen et al.，

1983）等。随着模糊科学的发展，多准则决策与模糊数学的结合也得到了飞快的发展，最终形成了模糊多准则决策理论。在模糊环境下，评估的结果一般是用模糊数表示，因此，在 FMCDM 中，针对模糊集比较或者对模糊数排序的决策方法也越来越多。例如，基于可能度的排序方法（Dubois & Prade，1983；Lee & Li，1988）、基于模糊效用的排序方法（Nakamura，1986）、基于重心的排序方法（Cheng，1998；Wang et al.，2006）等。群决策（GDM）是由一定组织形式的群决策成员，面对共同的环境，为解决存在的问题并达到预定的目标，依赖于一定的决策方法和方案集，按照预先制定的协同模式进行决策的活动。随着算子理论和模糊集理论的出现，群决策的方法也得到了扩充，例如：基于加权平均算子的多属性群决策方法（Wan，2013）、基于判断矩阵的群决策方法（Lin & Kou，2015）、共识群决策方法（Herrera et al.，1997）、模糊群决策方法（Cabrerizo et al.，2010）等。

在本书中，研究方法主要是基于以往的理论基础对已有方法的补充或改进。具体如下：

（1）本书结合模糊集理论，根据模糊数的运算法则，给出一种新的模糊运算形式，并基于该模糊数提出一种部分属性信息未知的 FMCDM 模型；根据以往可能度排序方法的不足，提出一种改进的可能度排序方法，从而得到更加合理的排序结果。

（2）为了更好地集结属性的权重信息和不同时期下的决策评估结果，本书基于数学规划方法和 BUM 函数，结合主观权重和客观权重的优缺点，给出一种基于组合权重的多阶段模糊多准则决策方法。

（3）本书针对传统综合评价过程中属性权重未考虑集成数据间的相互关系以及时间因素对决策结果的影响等方面，结合算子集结理论，提出一种基于两次信息集结的多阶段综合评估方法。

（4）本书考虑了时间因素对决策过程的影响，基于熵权法给出一种确定时间权重的方法，然后提出一种基于不确定幂几何加权平均算子的多阶段模糊动态多准则决策方法，从而提高决策过程的可靠性。

（5）本书针对不同类型的偏好行为数据，建立了异构多属性群体决策中的偏好集结模型、共识模型、反馈机制和观点演化模型，从而提高群决策的决策效率。

1.3.2 主要创新点

本书主要基于决策科学，结合模糊集理论、优化理论、算子集结理论、动态综合评估模型和群决策方法，以多准则决策为主线，对模糊决策信息下的信息集结方法和群决策中的共识达成方法与应用进行研究。其主要的创新点包括如下的五个方面：

（1）提出了基于泛化模糊数的多准则决策方法。在决策过程中，本书为了解决计算的复杂性，结合 Hausdorff 距离，给出了两个泛化模糊数间的 Hausdorff 距离运算公式；针对决策中属性权重信息部分未知的问题，给出一种线性规划方法来确定属性权重；为了对评估结果进行排序，给出了一种改进的可能度排序方法，该方法强化了对模糊信息的处理，使得评估结果更加贴近实际。

（2）属性权重的确定是多准则决策问题中的一个重要内容，它直接关乎评价结果的正确性和合理性。在决策过程中，主观权重和客观权重都有自身的优缺点，本书结合其优缺点提出了一种计算组合权重的方法，并且结合时间权重给出一种基于组合权重的多阶段模糊多准则方法，从而强调了集成参数的重要性。该研究丰富了模糊决策理论，并拓展了其应用领域。

（3）本书给出一种确定环境下的多阶段综合评估方法，并把该方法扩展到模糊环境下，然后结合模糊集理论和不确定环境下的信息集结理论，考虑决策属性间的支撑关系，掌握决策者要反映汇总值间的精细差别，从而强化对模糊信息的处理；根据熵权法，给出一种主客观相结合的时间权重确定方法，说明时间权重的重要性；针对方案的评估属性信息不确定、模糊决策信息分布在多个不同阶段以及传统加权平均算子没有考虑集成数据间相互关系等问题，给出一种基于不确定幂几何加权平均算子的多阶段动态多准则决策方法，并给出其应用情境。

（4）提出了一种基于异构信息的群体决策方法。为了避免信息丢失，异构信息不会转化为单一形式。首先，本书利用幂加权平均算子对异构信息进行综合，幂加权平均算子是一种非线性的聚合算子，它不仅能反映输入数据之间的关系，而且能度量这些数据的相似性，因此可以在集结过程中尽可能地保留专家的原始偏好。其次，本书提出了专家评估的共识方法，根据偏差度计算个体决策矩阵与群体决策矩阵之间的一致程度。如果所有专家都达成共识条件，则根据异构的TOPSIS 方法对个体方案进行排序，选择最优方案；如果专家间未达成共识，则利用二分迭代算法的反馈机制对个体决策矩阵进行调整，直至达到群体共识。

（5）使用模糊聚类分析来集成大规模群体决策问题的异构信息。首先，本书使用模糊聚类分析将大群体划分为小群体，并应用 F 统计量确定令人满意的聚类数。根据相似度保留原始信息。其次，本书在这些小组内进行共识达成过程，形成统一意见；提出了一种反馈机制，用于在任何群体不能达成一致意见时调整小群体决策矩阵，并采用与理想解相似的顺序偏好异类技术（TOPSIS）选择最佳方案。为了验证所提出的方法，通过在紧急情况下选择最佳救援方案的实例进行了实验研究。结果表明，该方法有助于更快地选择最佳救援方案。

1.4　本章小结

本章基于研究背景讨论了模糊决策信息下的多准则决策方法和群决策的研究内容和研究意义。下一章将给出本书所用到的相关理论以及以往的文献回顾，更加详细地介绍相关理论和研究方法，从而为后面几章的研究奠定理论基础。

2 相关方法及理论基础

在社会活动中，不确定性是随时随地都会出现的现象。在大多数情况下，这种现象可以分为两大类：随机现象和模糊现象。随机现象是因果关系的一种破缺，是在条件不确定下事件是否发生的不确定中表现出来的一种现象。模糊现象则是排中律的破缺，是事物的性质、状态和类属的亦此亦彼性，是一种内在的不确定性，也是事物在相互联系和相互过渡过程中呈现的中间过渡性（黄宪成，2003）。例如，高与低、大与小、胖与瘦、优与劣等之间，就呈现出这种中间过渡性，所以就具有模糊性。在现实生活中，模糊性是比随机性更为普遍的存在，特别是在主观评价范畴内，模糊性的表现更是非常突出。因此，对于模糊决策方法的研究也越来越受到广大学者的重视。

2.1 经典决策方法回顾

2.1.1 属性的规范化

在经典多准则决策问题中，假设 $X = \{x_1, x_2, \cdots, x_m\}$ 为 m 个备选方案的集合，$C = \{c_1, c_2, \cdots, c_n\}$ 为 n 个评估属性的集合，又设 x_{ij} 为第 i 个备选方案 x_i 相对于第 j 个评估属性 c_j 的评价值。根据备选方案集和评估属性集之间的关系，可以组成如下的初始判断矩阵 $V = (x_{ij})_{m \times n}$：

$$V = \begin{pmatrix} x_{11} & x_{12} & \cdots & x_{1n} \\ x_{21} & x_{22} & \cdots & x_{2n} \\ \vdots & \vdots & \vdots & \vdots \\ x_{i1} & \cdots & x_{ij} & \cdots \\ \vdots & \vdots & \vdots & \vdots \\ x_{m1} & x_{m2} & \cdots & x_{mn} \end{pmatrix} \tag{2-1}$$

在多准则决策过程中，我们通常可以用两类属性来描述决策事物，即定量属性和定性属性。例如，在买房问题的决策过程中，房子面积、房子每平方米的价格都是定量描述的，房子的外观和环境一般则是定性描述。在决策过程中如何比较这两种属性以及如何对待非同类标度的属性的问题有待解决。因此，我们需要对属性进行规范化处理。

在以往的研究中，评估属性的指标类型有：成本型指标、效益型指标、固定型指标、偏离型指标和区间型指标（刘树林和邱菀华，1998），其中以成本型指标和效益型指标最为常用。成本型指标是指属性的指标值越小越好的指标；效益型指标是指属性的指标值越大越好的指标；固定型指标是指属性的指标值越靠近某一个固定值越好的指标；偏离型指标是指属性的指标值越偏离某一个固定值越好的指标；区间型指标指的是属性值接近或属于一个固定的时间间隔的更好的指标。在实际的决策过程中，由于评估属性的量纲不同，所以评估需要统一量纲。由于效益型指标 I_1 和成本型指标 I_2 最为常用，所以这里只介绍这两种类型的指标的标准化方法。

（1）极差变化法（Hwang & Yoon，1981）

$$y_{ij} = \begin{cases} \dfrac{x_{ij} - \min\limits_{i} x_{ij}}{\max\limits_{i} x_{ij} - \min\limits_{i} x_{ij}}, & i \in M, \ j \in I_1 \\[3mm] \dfrac{\max\limits_{i} x_{ij} - x_{ij}}{\max\limits_{i} x_{ij} - \min\limits_{i} x_{ij}}, & i \in M, \ j \in I_2 \end{cases} \qquad (2\text{-}2)$$

其中，I_1 是效益型指标，I_2 是成本型指标，$M = \{1, 2, \cdots, m\}$。这种标准化方法的好处是处理后的每个属性指标的值都严格从 0 到 1 变化，并且不会带来结果上的比例差异。

（2）线性刻度转换法（Nijkamp，1977）

$$y_{ij} = \begin{cases} \dfrac{x_{ij}}{\max\limits_{i} x_{ij}}, & i \in M, \ j \in I_1 \\[3mm] \dfrac{\min\limits_{i} x_{ij}}{x_{ij}}, & i \in M, \ j \in I_2 \end{cases} \qquad (2\text{-}3)$$

其中，I_1 是效益型指标，I_2 是成本型指标，$M = \{1, 2, \cdots, m\}$。这种标准化方法的好处在于所有结果都进行了线性转换，并且结果重要性的排序得以保留。

（3）向量标准化法（Nijkamp & Delft，1977）

$$y_{ij} = \frac{x_{ij}}{\sqrt{\sum_{i=1}^{m} x_{ij}^2}}, \quad i \in M, \ j \in I_1 \cup I_2 \qquad (2\text{-}4)$$

其中，I_1 是效益型指标，I_2 是成本型指标，$M = \{1, 2, \cdots, m\}$。这种标准化方法的优点在于所有列具有相同的单位长度，这使得属性间的比较成为可能。

2.1.2　经典多准则决策方法

当量纲统一之后，我们需要根据决策矩阵对各方案进行评估，而决策的目的就是要找出所有方案中"最满意"方案。经典多准则决策方法有多种，这里只介绍几种常见的多准则决策方法。

（1）简单线性加权法

假设 $\omega = (\omega_1, \omega_2, \cdots, \omega_n)$ 表示评估属性的权重集合，且满足 $\omega_1 + \omega_2 + \cdots + \omega_n = 1, \omega_i \geq 0$，则有：

$$R = \omega \cdot V = (\omega_1, \omega_2, \cdots, \omega_n) \cdot \begin{pmatrix} x_{11} & x_{21} & \cdots & x_{m1} \\ x_{12} & x_{22} & \cdots & x_{m2} \\ \vdots & \vdots & \vdots & \vdots \\ x_{1j} & \cdots & x_{ij} & \cdots \\ \vdots & \vdots & \vdots & \vdots \\ x_{1n} & x_{2n} & \cdots & x_{mn} \end{pmatrix} = (r_1, r_2, \cdots, r_n)$$

(2-5)

其中：r_i 为加权后的评估结果，因此，可以通过比较 $r_1, r_2, \cdots, r_n$ 的大小来对方案进行选择或者排序。

（2）层次分析法（AHP）

层次分析法（analytic hierarchy process，AHP）是由美国著名的运筹学家、匹兹堡大学的 Thomas L. Saaty 教授在 20 世纪 70 年代初期提出的，是用定量的方法对定性问题进行分析的一种简洁、方便、灵活而且非常实用的多准则决策方法。层次分析法是将评估的决策问题按照某种准则，把决策问题分成目标层、子目标层、准则层以及具体的方案层，然后利用不同的计算方式来求解判断矩阵的特征根和特征向量，并且求出每一目标层中的不同元素对上一目标层中某一个元素的相对优先权重，最后逐步合并各备选方案对总目标的最后的权重，其中，权重中的最大者即为最优评估方案。层次分析法适用于目标值难于定量描述且具备分层交织的评价指标的决策问题，对于复杂的递阶层次结构化问题而言，层次分析法则显示出更好的鲁棒性。当运用层次分析法进行决策评估时，人们通常情况下是按照四个步骤进行评估的：①分析评估过程中各个评估属性间的各种关系，创建递阶的层次结构；②对同一评估层的不同的准则相对上一评估层中的某一评估准则的重要性进行成对比较；③依据得到的判断矩阵，计算被比较元素的相对权重值；④计算不同层次中的准则相对于总目标的组合权重，然后进行最终排序。

层次分析法的层次结构一般分为三类：最高层或目标层、中间层或准则层、最底层或方案层。具体结构见图 2-1。

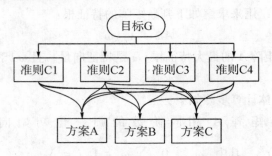

图 2-1　层次分析法的层次结构图

在一般的决策过程中，准则层中准则的重要性一般无法直接定量化给出，只能定性地进行两两对比描述，以便判别属性间的重要程度。为了描述两两属性间的重要程度，Saaty 等人取 1~9 标度对重要性程度进行相应的赋值。大量的实验心理学研究表明，人们对事物的属性进行对比并使其做出的判断保持满意一致性的时候，其所能正确判断事物的个数或者属性的等级一般在 5~9 个（Miller，1956），因此，我们选择 1~9 标度作为量化标度基本符合人类的心理判断。1~9标度重要性含义和解释详见表 2-1。

表 2-1　1~9 标度重要性含义和解释

标度	重要性含义	解释
1	两元素同等重要	两元素对目标的贡献一样
3	前者比后者稍微重要	判断和经验偏向于前者比后者重要
5	前者比后者明显重要	判断和经验明显认为前者比后者重要
7	前者比后者强烈重要	强烈认为前者比后者重要，可以证实
9	前者比后者极端重要	有肯定的证据说明前者比后者重要得多
2, 4, 6, 8	相邻判读的中间值	两个元素比较取中间妥协值
倒数	元素 i 与 j 的重要性之比为 a_{ij}，则元素 j 相对于 i 的重要性为该标度值的倒数	

在利用层次分析法进行运算时，人们可以根据 1~9 标度法建立两两对比判断矩阵：$A = (a_{ij})_{n \times n}$，其中 a_{ij} 表示准则层元素 i 相对于 j 的重要性标度，且有 $a_{ij} = 1/a_{ji}$，$a_{ii} = 1$。为了获得最后的排序结果，需要知道元素的相对权重，并且进行一致性检验。目前这两部分内容的研究是重中之重。

在计算权重时，常用的方法有算术平均法（Saaty，1980）、几何平均法（Saaty，1980）、特征根法（Saaty，1986）、最小偏差法（陈宝谦等，1989）、梯度特征向量法（Takeda et al.，1987）、非线性特征根法（王连芬和许树柏，

1987）等。其中特征根法是基础。特征根法（eigenvector method，EM）也叫作特征向量法或者幂法，用来求解如下判断矩阵的特征根：

$$A\omega = \lambda_{max}\omega \qquad (2-6)$$

其中：λ_{max} 是判断矩阵 A 的最大特征根，ω 是特征向量，且 ω 归一化后即可作为权重向量。

特征根法的具体计算步骤如下：

①任意取与矩阵 A 相同阶数的归一化初始向量，记为：$\omega = (\omega_1, \omega_2, \cdots, \omega_n)^T$，其中：$\omega_i > 0$, $\sum_{i=1}^{n}\omega_i = 1$, $i \in N$

②计算 $\bar{\omega}^{q+1} = A\omega^q$, $q = 0, 1, 2, \cdots$

③对 $\bar{\omega}^{q+1}$ 进行归一化处理，$\omega^{q+1} = \bar{\omega}^{q+1} / \sum_{i=1}^{n} \bar{\omega}_i^{q+1}$

④对任意给定的 $\varepsilon > 0$，当 $|\omega_i^{q+1} - \omega_i^q| < \varepsilon$, $i \in N$ 成立时，则有：$\omega = \omega^{q+1}$ 为所求判断矩阵 A 的最大特征根 λ_{max} 对应的权重特征向量 ω，并且有

$$\lambda_{max} = \sum_{i=1}^{n} \bar{\omega}_i^{q+1} / n\omega_i^q \qquad (2-7)$$

因为决策者认识的局限性以及客观评价的事物的复杂性，判断矩阵通常不可能是完全一致的（其中一致性的条件为 $a_{ij} \times a_{jk} = a_{ik}$），因此，必须进行一致性检验。经 Saaty 等学者的研究和一些社会实践，可以得出以下的一致性检验方法（Saaty，1986）：

①计算一致性指标 CI（consistency index）

$$CI = \frac{\lambda_{max} - n}{n - 1} \qquad (2-8)$$

其中：n 为判断矩阵的阶数，且当 $\lambda_{max} = n$ 时，CI = 0，此时判断矩阵 A 是完全一致性的。

②查找平均随机一致性指标 RI（random index），其中：RI 是计算机随机从 1~9 标度的 17 个值中选取标度值然后组成的随机正反矩阵，最后经过反复计算而得到平均随机一致性指标（见表 2-2。）

表 2-2　平均随机一致性指标

阶数（n）	1	2	3	4	5	6	7	8
RI	0	0	0.52	0.89	1.12	1.26	1.36	1.41
阶数（n）	9	10	11	12	13	14	15	
RI	1.46	1.49	1.52	1.54	1.56	1.58	1.59	

③计算一致性比率 CR（consistency ratio）

$$CR = \frac{CI}{RI} \qquad (2-9)$$

一致性比率 CR 可以用来判断矩阵 A 的一致性。当 CR<0.1 时，可以认为判断矩阵 A 通过一致性检验，说明一致性较好；当 CR≥0.1 时，判断矩阵 A 未通过一致性检验，说明一致性较差，需要对矩阵 A 进行适当的修正。一致性检验计算过程见图 2-2。

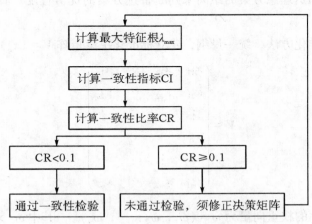

图 2-2　一致性检验计算过程

层次分析法具有深刻的数学原理，并且是一种简洁、方便而且灵活的多准则方法，因此不论在理论上还是在实际生活应用中都得到了人们的重视。Saaty 教授在 1994 年给出了 AHP 的研究重点和难点（Saaty，1994），包括网络层次、测量标度、权重确定方法、一致性以及排序等问题。基于这些研究的内容，国内外学者也进行了大量的探讨和研究，并提出了网络层次分析法（ANP）（Saaty，2004）、决策矩阵数据一致性指标检验（Koczkodaj，1993；Aguaron & Moreno-Jiménez，2003）、不一致性数据判别模型（Li & Ma，2007；Ergu et al.，2011；Bortot & Pereira，2013；Lin et al.，2013；Kou et al.，2014）、残缺矩阵缺失元素估计模型（Carmone Jr et al.，1997；Osei-Bryson，2006；Chiclana et al.，2008；Ergu & Kou，2012）和逆序分析方法（Saaty & Vargas，1993；Stam & Silva，1997；Wang & El-hag，2006；Gomez-Ruiz et al.，2010）。这些内容的研究丰富和扩展了 AHP 方法，为以后的研究打下了一定的基础。

（3）理想解法（TOPSIS）

TOPSIS（technique for order preference by similarity to ideal solution）是接近理想方案的序数偏好方法，该方法是由 Hwang 和 Yoon 于 1981 年提出的，建立在备选方案与理想方案离差最小同时与负理想方案离差最大的基础上（Hwang &

Yoon，1981）。由于该方法易于理解且计算简单，因此也被 Zeleny 等学者推荐（Zeleny et al.，1982）。随着社会的发展，为了让该方法有更好的适应性，一些学者对该方法也进行了补充和完善（Yoon，1987；Hwang et al.，1993；Deng et al.，2000；Abo‐Sinna & Amer，2005；徐玖平，2002；杨宝臣和陈跃，2011）。在TOPSIS 中，理想方案是由所有的最优属性组成的，而负理想方案则是由所有的最差属性组成的，TOPSIS 就是通过计算与理想的解的相对贴近程度，同时考虑了方案到理想方案和负理想方案的距离来判断备选方案的优劣程度。具体的决策步骤如下：

①根据标准化方法，统一量纲，建立标准化决策矩阵 $V = (x_{ij})_{m \times n}$：

$$V = \begin{pmatrix} x_{11} & x_{12} & \cdots & x_{1n} \\ x_{21} & x_{22} & \cdots & x_{2n} \\ \vdots & \vdots & \vdots & \vdots \\ x_{i1} & \cdots & x_{ij} & \cdots \\ \vdots & \vdots & \vdots & \vdots \\ x_{m1} & x_{m2} & \cdots & x_{mn} \end{pmatrix} \tag{2-10}$$

②假设属性的权重向量为 $\omega = (\omega_1, \omega_2, \cdots, \omega_n)^T$，其中 $\omega_i > 0$，$\sum_{i=1}^{n} \omega_i = 1$，$i \in N$，建立加权标准化决策矩阵

$$Z = V\omega = \begin{pmatrix} x_{11}\omega_1 & x_{12}\omega_2 & \cdots & x_{1n}\omega_n \\ x_{21}\omega_1 & x_{22}\omega_2 & \cdots & x_{2n}\omega_n \\ \vdots & \vdots & \vdots & \vdots \\ x_{i1}\omega_1 & \cdots & x_{ij}\omega_j & \cdots \\ \vdots & \vdots & \vdots & \vdots \\ x_{m1}\omega_1 & x_{m2}\omega_2 & \cdots & x_{mn}\omega_n \end{pmatrix} = \begin{pmatrix} z_{11} & z_{12} & \cdots & z_{1n} \\ z_{21} & z_{22} & \cdots & z_{2n} \\ \vdots & \vdots & \vdots & \vdots \\ z_{i1} & \cdots & z_{ij} & \cdots \\ \vdots & \vdots & \vdots & \vdots \\ z_{m1} & z_{m2} & \cdots & z_{mn} \end{pmatrix} \tag{2-11}$$

③根据加权标准化决策矩阵，确立理想解 Z^+ 和负理想解 Z^-

$$Z^+ = \{(\max_i z_{ij} | j \in I_1), (\min_i z_{ij} | j \in I_2) | i \in M\} = \{z_1^+, z_2^+, \cdots, z_n^+\} \tag{2-12}$$

$$Z^- = \{(\min_i z_{ij} | j \in I_1), (\max_i z_{ij} | j \in I_2) | i \in M\} = \{z_1^-, z_2^-, \cdots, z_n^-\} \tag{2-13}$$

其中：I_1 是效益型指标，I_2 是成本型指标，$M = \{1, 2, \cdots, m\}$。

④假设方案间的距离用 Euclid 距离来表示，则计算方案与理想方案 Z^+ 间的距离 S_i^+ 以及与负理想方案 Z^- 间的距离 S_i^- 可得

$$S_i^+ = \sqrt{\sum_{j=1}^n \left(z_{ij} - z_j^+\right)^2} \qquad (2-14)$$

$$S_i^- = \sqrt{\sum_{j=1}^n \left(z_{ij} - z_j^-\right)^2} \qquad (2-15)$$

⑤计算与理想解的相对贴进度 D_i

$$D_i = \frac{S_i^-}{S_i^+ + S_i^-} \qquad (2-16)$$

⑥根据贴进度 D_i 的大小对方案进行排序

TOPSIS 是以多准则决策问题中的理想解和负理想解为参考点，通过计算各备选方案与这两个理想方案的相对距离来对不同的方案进行优劣评价和排序，这种方法简单明了，可以得到清楚的偏好顺序，因此得到了广大学者的关注。Yurdakul 和 IC 应用 AHP 方法来确定权重，然后与 TOPSIS 相结合，对制造工厂的绩效进行评估（Yurdakul & IC，2005）。Yue 给出了一种群决策中基于扩展 TOPSIS 的权重确定方法，该方法重新定义了理想解和负理想解，并且给出了 TOPSIS 定权的优缺点（Yue，2011）。Tsou 提出了一种两阶段的多准则决策方法，首先采用多目标粒子群优化算法给出系统的解决方案，然后基于决策者的偏好，结合多目标粒子群优化算法和 TOPSIS 方法对方案进行排序（Tsou，2008）。Gu 和 Song 结合灰色关联分析和 TOPSIS 方法的优缺点提出了一种基于灰色关联分析和 TOPSIS 的武器系统效能评估模型（Gu & Song，2009）。随着管理科学理论和决策科学理论的发展以及社会系统评估需求，TOPSIS 也得到了更好的扩充和应用（Abo-Sinna et al.，2008；Chen et al.，2009；Chang et al.，2010；Kou et al.，2012；Chang et al.，2014；李锋和魏莹，2008；陈锟等，2012；彭怡等，2012；申毅荣和解建仓，2014）。

（4）集结算子

在多准则决策中，信息融合是一个重要的研究内容。在决策过程中，有效的集结算子能够更加清晰准确地反映决策的结果，使得多种评估对象在进行信息集结时不会缺失，并且能够正确体现出决策的目的和效果。同时，在信息集结时，只有准确地确定集结信息权重向量，才能够正确地反映决策者的决策意念和态度，明确地给出体现决策效果的理论和实验依据。在信息集结时，最基本的两个集结算子是算术加权平均算子（WAA）（Harsanyi & Welfare，1955）和几何加权平均算子（WGA）（Aczél & Saaty，1983）。

$$\mathrm{WAA}_\omega(x_1, x_2, \cdots, x_n) = \sum_{j=1}^n \omega_j x_j \qquad (2-17)$$

$$\mathrm{WGA}_\omega(x_1, x_2, \cdots, x_n) = \prod_{j=1}^n x_j^{\omega_j} \qquad (2-18)$$

其中：$\omega = (\omega_1, \omega_2, \cdots, \omega_n)^T$ 是信息向量 $(x_1, x_2, \cdots, x_n)$ 的权重向量，且 $\omega_i > 0$，$\sum_{i=1}^{n} \omega_i = 1$，$i \in N$。

为了更好地集结偏好信息，美国著名学者 Yager 教授提出了有序加权平均算子（ordered weighted averaging，OWA）（Yager，1988），该算子是一类介于最大值算子和最小值算子之间的信息集结算子，它对信息向量 $(x_1, x_2, \cdots, x_n)$ 按照从大到小的顺序进行重新排序，然后进行加权集结。在集结的过程中，权重向量 ω 与集结属性 x_i 没有任何关系，只与集结过程中的位置相关。

定义 2.1　OWA 算子的具体形式如下：

$$OWA_{\omega}(x_1, x_2, \cdots, x_n) = \sum_{j=1}^{n} \omega_j y_j \tag{2-19}$$

其中：$\omega = (\omega_1, \omega_2, \cdots, \omega_n)^T$ 是与 OWA 相关联的一组加权向量，且 $\omega_i > 0$，$\sum_{i=1}^{n} \omega_i = 1$，$i \in N$，$y_j$ 是信息向量 $(x_1, x_2, \cdots, x_n)$ 中第 j 大的属相向量。

当加权向量 $\omega = (1/n, 1/n, \cdots, 1/n)^T$ 时，OWA 算子就退化成为算术加权平均算子（WAA），由此可见，常规的 WAA 算子是 OWA 算子的一种特殊情况。特别情况下，当加权向量 $\omega = (1, 0, \cdots, 0)^T$ 时，OWA 算子就退化成为最大化算子，当加权向量 $\omega = (0, 0, \cdots, 1)^T$ 时，OWA 算子就退化成为最小化算子。

OWA 算子是信息集结时的常见算子，它具有以下的性质：

（1）单调性。设 $(\alpha_1, \alpha_2, \cdots, \alpha_n)$ 和 $(\beta_1, \beta_2, \cdots, \beta_n)$ 是任意信息向量，且对 $\forall i \in N$，有 $\alpha_i \leqslant \beta_i$，则有：

$$OWA_{\omega}(\alpha_1, \alpha_2, \cdots, \alpha_n) \leqslant OWA_{\omega}(\beta_1, \beta_2, \cdots, \beta_n) \tag{2-20}$$

（2）幂等性。设 $(\alpha_1, \alpha_2, \cdots, \alpha_n)$ 是任意信息向量，且对 $\forall i \in N$，有 $\alpha_i = \alpha$，则有：

$$OWA_{\omega}(\alpha_1, \alpha_2, \cdots, \alpha_n) = \alpha \tag{2-21}$$

（3）有界性。设 $(\alpha_1, \alpha_2, \cdots, \alpha_n)$ 是任意信息向量，同时令 $A = \max(\alpha_1, \alpha_2, \cdots, \alpha_n)$，$a = \min(\alpha_1, \alpha_2, \cdots, \alpha_n)$，则有：

$$a \leqslant OWA_{\omega}(\alpha_1, \alpha_2, \cdots, \alpha_n) \leqslant A \tag{2-22}$$

（4）置换不变性。设信息向量 $(\beta_1, \beta_2, \cdots, \beta_n)$ 是信息向量 $(\alpha_1, \alpha_2, \cdots, \alpha_n)$ 的任意置换，则有：

$$OWA_{\omega}(\beta_1, \beta_2, \cdots, \beta_n) = OWA_{\omega}(\alpha_1, \alpha_2, \cdots, \alpha_n) \tag{2-23}$$

基于 OWA 算子的特性，关于该算子的研究也引起了重视，并应用到金融、管理和决策等各个领域（Filev & Yager，1995；Liu & Han，2008；Okur et al.，2009；陈华友等，2006；王文婕，2011；黄思明和谢安世，2012；张文德和丁源，2014）。随着科学技术的发展，OWA 算子也得到了很好的推广和扩展，例如，有序加权几何平均算子（OWGA）（Chiclana et al., 2000；Xu & Da, 2002）、有序加权调和平均算子（OWHA）（陈华友等，2004）、广义有序加权平均算子（GOWA）（Yager, 2004）、诱导有序加权平均算子（IOWA）（Yager & Filev, 1999）、诱导有序加权几何平均算子（IOWGA）（Xu & Da, 2003）、诱导有序加权调和平均算子（IOWHA）（陈华友等，2004）、诱导广义有序加权平均算子（IGOWA）（Merigó & Gil-Lafuente, 2009）等。其中：IGOWA 算子结合了 GOWA 算子和 IOWA 算子的优点，在决策时，可以根据不同的决策问题为决策者提供不同的决策形式。以上这些算子都是以数据信息的加权平均方式为出发点，将信息融合过程中的信息数据进行排序，然后再综合集成，但是在信息融合过程中，对数据信息进行集成时的集成权重没有进行深刻的考虑。因此，为了对数据信息进行更加合理和客观的处理，突出集结数据本身的重要性，Yager 教授于 2001 年提出了一种幂平均（power average，PA）算子，这种算子不仅考虑了集结信息时不同数据间的支撑程度对属性权重系数的影响，而且在评估过程中还能捕获决策者要反映汇总值的精致细微差别，使得信息集结的过程完全客观化。

定义 2.2（Yager, 2001） 假设 $a_1, \cdots, a_n$ 为一系列信息参数，函数 PA：$R^n \to R$，则幂平均（Power average，PA）算子定义为

$$PA(a_1, \cdots, a_n) = \frac{\sum_{i=1}^{n} (1 + T(a_i)) a_i}{\sum_{i=1}^{n} (1 + T(a_i))} \tag{2-24}$$

其中：

$$T(a_i) = \sum_{n} Sup(a_i, a_j) \tag{2-25}$$

$Sup(a, b)$ 是参数 a 和参数 b 之间的支撑度，它是一种相似性指标，两个参数越接近它们越相似，则它们的支撑度也越大。$Sup(a, b)$ 满足以下性质：

① $Sup(a, b) \in [0, 1]$；

② $Sup(a, b) = Sup(b, a)$；

③ 如果 $|a - b| < |x - y|$，则有 $Sup(a, b) \geqslant Sup(x, y)$。

根据定义 2.2 可以看出：PA 算子不具有单调性，因为 PA 是一种非线性加权平均算子，支集对它有直接的影响；但是 PA 算子仍然具有有界性、幂等性、一般性和置换不变性。

①有界性。设 $(\alpha_1, \alpha_2, \cdots, \alpha_n)$ 是任意信息向量，同时令 $A = \max(\alpha_1, \alpha_2, \cdots, \alpha_n)$，$a = \min(\alpha_1, \alpha_2, \cdots, \alpha_n)$，则有：

$$a \leqslant PA(\alpha_1, \alpha_2, \cdots, \alpha_n) \leqslant A \tag{2-26}$$

②幂等性。设 $(\alpha_1, \alpha_2, \cdots, \alpha_n)$ 是任意信息向量，对 $\forall i \in N$，有 $\alpha_i = \alpha$，则有：

$$PA(\alpha_1, \alpha_2, \cdots, \alpha_n) = \alpha \qquad (2-27)$$

③一般性。假设 $\forall i \neq j$，有 $\mathrm{Sup}(\alpha_i, \alpha_j) = k$，则有：

$$PA(\alpha_1, \alpha_2, \cdots, \alpha_n) = \frac{\sum_{i=1}^{n} \alpha_i}{n} \qquad (2-28)$$

④置换不变性。设信息向量 $(\beta_1, \beta_2, \cdots, \beta_n)$ 是信息向量 $(\alpha_1, \alpha_2, \cdots, \alpha_n)$ 的任意置换，则有：

$$PA(\beta_1, \beta_2, \cdots, \beta_n) = PA(\alpha_1, \alpha_2, \cdots, \alpha_n) \qquad (2-29)$$

PA 算子的提出引起了学者的注意，一些基于 PA 算子的新的集结算子也陆续提出。

定义 2.3（Xu & Yager，2010） 假设 $a_1, \cdots, a_n$ 为一系列信息参数，函数 PGA：$R^n \to R$，则幂几何平均算子（power geometric average，PGA）定义为

$$PGA(a_1, \cdots, a_n) = \prod_{i=1}^{n} a_i^{\frac{1+T(a_i)}{\sum_{i=1}^{n}(1+T(a_i))}} \qquad (2-30)$$

其中：

$$T(a_i) = \sum_n \mathrm{Sup}(a_i, a_j) \qquad (2-31)$$

PGA 算子同样具有有界性、幂等性、一般性和置换不变性，但也不具有单调性。

定义 2.4（姚平等，2012） 假设 $a_1, \cdots, a_n$ 为一系列信息参数，函数 PHA：$R^n \to R$，则幂调和平均算子（power harmonic average，PHA）定义为

$$PHA(a_1, \cdots, a_n) = 1 / \sum_{i=1}^{n} \frac{1+T(a_i)}{\sum_{j=1}^{n}(1+T(a_j))} \cdot \frac{1}{a_i} \qquad (2-32)$$

其中：

$$T(a_i) = \sum_n \mathrm{Sup}(a_i, a_j) \qquad (2-33)$$

PHA 算子同样具有有界性、幂等性、一般性和置换不变性，但也不具有单调性。

类似地，基于 OWA 算子和 PA 算子、PGA 算子以及 PHA 算子，一些学者给出了 POWA 算子（Yager，2001）、POWGA 算子（Xu & Yager，2010）以及 POWHA 算子（姚平等，2012）。定义分别如下：

定义 2.5 假设 $a_1, \cdots, a_n$ 为一系列信息参数，函数 POWA：$R^n \to R$，则幂有序加权平均算子（power ordered weighted averaging，POWA）定义为

$$POWA(a_1, \cdots, a_n) = \sum_{i=1}^{n} u_i a_{\mathrm{index}(i)} \qquad (2-34)$$

其中：

$$u_i = Q\left(\frac{R_i}{TV}\right) - Q\left(\frac{R_{i-1}}{TV}\right) \ , \ R_i = \sum_{j=1}^{i} V_{\text{index}(j)} \ , \ TV = \sum_{i=1}^{n} V_{\text{index}(i)} \quad (2-35)$$

$$V_{\text{index}(i)} = 1 + T(a_{\text{index}(i)}) \ , \ T(a_{\text{index}(i)}) = \sum_{n} \text{Sup}(a_{\text{index}(i)}, \ a_{\text{index}(j)}) \quad (2-36)$$

在式（2-35）和式（2-36）中，Q 是一个 BUM 函数，$T(a_{\text{index}(i)})$ 表示第 i 个信息参数与其他信息参数之间的支撑程度，$a_{\text{index}(i)}$ 是信息参数 $a_j(j=1, \cdots, n)$ 中第 j 大参数。

定义 2.6 假设 $a_1, \cdots, a_n$ 为一系列信息参数，函数 POWGA：$R^n \to R$，则幂有序加权几何平均算子（power ordered weighted geometric averaging，POWGA）定义为

$$\text{POWGA}(a_1, \cdots, a_n) = \prod_{i=1}^{n} a_{\text{index}(i)}^{\ u_i} \quad (2-37)$$

其中：u_i 由式（2-35）和式（2-36）确定，$a_{\text{index}(i)}$ 是信息参数 $a_j(j=1, \cdots, n)$ 中第 j 大参数。

定义 2.7 假设 $a_1, \cdots, a_n$ 为一系列信息参数，函数 POWHA：$R^n \to R$，则幂有序加权调和平均算子（power ordered weighted harmonic averaging，POWHA）定义为

$$\text{POWHA}(a_1, \cdots, a_n) = 1/\sum_{i=1}^{n} \frac{u_i}{a_{\text{index}(i)}} \quad (2-38)$$

其中：u_i 由式（2-35）和式（2-36）确定，$a_{\text{index}(i)}$ 是信息参数 $a_j(j=1, \cdots, n)$ 中第 j 大参数。

同样地，POWA 算子、POWGA 算子以及 POWHA 算子同样具有有界性、幂等性、一般性和置换不变性，但也不具有单调性。

当然，经典的决策方法不仅仅限于这几种，例如，多属性效用理论（MAUT）（Fishburn，1974；Huber，1974）、ELECTRE（Benayoun et al.，1966）、PROMETHEE（Brans & Mareschal，1992）、QUALIFLEX（Paelinck，1997）、RE-GIME（Hinloopen et al.，1983）、数据包络分析（data envelopment analysis，DEA）（Charnes et al.，1978；Banker et al.，1984；魏权龄，2004；Sueyoshi & Goto，2012；LaPlante & Paradi，2015）等都属于经典决策中的常用方法。然而，随着生产和生活的不断发展，人们的决策活动越来越复杂，现实生活中的许多决策问题都不能准确地用确切数去评估，因此，经典的决策方法往往不能解决这些复杂的决策问题。通常情况下，每一个决策者偏好结构和知识构成是不同的，加之有些评估属性不能具体描述，甚至比较抽象，以及决策的信息有限、决策的背景也比较复杂，这就导致决策者往往不愿意给出精确的数值，而是用不确定信息或者模

糊信息来表示，因此，需要一种新的理论来支撑和融合经典的决策理论。1965年，美国著名的控制论专家、加利福尼亚大学 Zadeh 教授提出了模糊集（fuzzy set）的概念（Zadeh，1965），并建立了模糊集合理论，以便用来解决管理决策中存在的大量模糊性。

2.2　模糊集理论与决策

在科学实验、生产实践以及人们的实际生活中，决策起着重要的作用。经典的决策理论和方法一般是在确定或者明确的环境下进行的，它们认为在决策评估过程中，评估属性、约束条件以及决策者偏好等决策要素都是可以用精确数来描述的。因此，在确定的自然状态下进行决策，其结果也必然是确定的。然而，由于客观事物的复杂性、不确定性和人类知识的局限性和思维的模糊性，决策者往往难以给出明确的属性信息，并且一些评估对象也难以准确描述，这就表现出一定的模糊性。而现实中，无论是客观的评估信息还是主观的人为评估信息都可能造成评估过程的不确定性，当多准则决策问题中出现大量的模糊性时，决策问题就变成了模糊多准则决策（fuzzy multiple criteria decision making，FMCDM）问题。FMCDM 是应用模糊数学理论来进行量化决策的方法，在决策时，它的决策要素（决策准则或者决策方案）含有一定的模糊信息，并能用以建立选择备选方案的一套方法体系和理论程序。因此，模糊集和多准则决策的结合是数学和决策科学发展的必然结果。

2.2.1　模糊集与模糊运算

在数学上，模糊集与模糊运算是模糊集理论的基础内容。在平时的生活当中，很多概念或者表达的意愿常常有内涵的模糊性或者不确定性。例如，现在房价疯涨，人们买房压力过大，如果房价为 8 000 元/平方米算是高，那么7 999元/平方米是不是就不算高呢？事实上，这两个价格相差不大，因此，在描述房价贵或者便宜时我们没有一个精确的限制（阈值），只能用主观的语言（模糊性）进行描述。经典多准则决策理论能够根据一定的运算法则或者程序一步步地进行合理决策，因此，对于模糊多准则决策来说，给出模糊集的相关概念和模糊运算法则也势在必行。Zadeh 教授提出的模糊集（fuzzy set）概念为 FMCDM 提供了基础。

定义 2.7　令 X 为论域，$\tilde{A}$ 为 X 上的模糊集。把 X 上全体模糊集组成的集合定

义为 X 的模糊幂集，记作 $F(\tilde{A})$。定义 $\mu_{\tilde{A}}(x)$ 为 $\tilde{A}$ 上的隶属函数，且满足：

$$\tilde{A} = \{(x, \mu_A \sim (x)) \mid x \in X\} \tag{2-39}$$

定义 2.8 设模糊集 $\tilde{A} \in F(\tilde{A})$，对 $\forall \lambda \in [0, 1]$，$\tilde{A}$ 的 λ 截集定义为

$$\tilde{A}_{\lambda} = \{x \mid x \in X, \mu_{\tilde{A}}(x) \geqslant \lambda\} \tag{2-40}$$

其中：λ 称为置信水平或置信度。

定义 2.9 设模糊集 $\tilde{A} \in F(\tilde{A})$，$\tilde{A}$ 的支集 $\mathrm{Supp}\tilde{A}$ 和 $\tilde{A}$ 的核 $\mathrm{Ker}\tilde{A}$ 分别定义为

$$\mathrm{Supp}\tilde{A} = \{x \mid x \in X, \mu_{\tilde{A}}(x) > 0\} \tag{2-41}$$

$$\mathrm{Ker}\tilde{A} = \{x \mid x \in X, \mu_{\tilde{A}}(x) = 1\} \tag{2-42}$$

其中：当 $\mathrm{Ker}\tilde{A} \neq \varnothing$ 时，称 $\tilde{A}$ 为正规模糊集。

定义 2.10 设模糊集 $\tilde{A} \in F(\tilde{A})$，若对 $\forall x, y \in R$ 以及 $\forall \lambda \in [0, 1]$，有

$$\min\{\mu_{\tilde{A}}(x), \mu_{\tilde{A}}(y)\} \leqslant \mu_{\tilde{A}}(\lambda x + (1 - \lambda)y) \tag{2-43}$$

则称 $\tilde{A}$ 为凸模糊集。

定义 2.11（Dubois & Prade，1978） 设模糊集 $\tilde{A} \in F(\tilde{A})$，如果 $\tilde{A}$ 满足以下条件：

（1）$\tilde{A}$ 是正规模糊集；

（2）$\tilde{A}$ 是凸模糊集，且对 $\forall \lambda \in [0, 1]$，$\tilde{A}_{\lambda}$ 是有界闭区间；

则称 $\tilde{A}$ 是模糊数。

模糊数 $\tilde{A}$ 的一般表达式可以记为

$$\mu_{\tilde{A}}(x) = \begin{cases} L(x), & l \leqslant x \leqslant m \\ R(x), & m \leqslant x \leqslant r \end{cases} \tag{2-44}$$

其中：$L(x)$ 为右连续的增函数，$R(x)$ 为左连续的减函数，且 $0 \leqslant L(x) \leqslant 1$，$0 \leqslant R(x) \leqslant 1$。

根据模糊数的定义，我们给出两种特殊的模糊数：三角模糊数和梯形模糊数，定义如下：

定义 2.12 记 $\tilde{A} = (a, b, c)$，$0 \leqslant a \leqslant b \leqslant c$，称 $\tilde{A}$ 为三角模糊数，如果 $\tilde{A}$ 的隶属函数 $\mu_{\tilde{A}}: R \to [0, 1]$ 表示为

$$\mu_{\tilde{A}} = \begin{cases} \dfrac{x - a}{b - a}, & a \leqslant x \leqslant b \\ \dfrac{x - c}{b - c}, & b \leqslant x \leqslant c \\ 0, & \text{其他} \end{cases} \tag{2-45}$$

定义 2.13 记 $\tilde{A} = (a, b, c, d)$，$0 \leqslant a \leqslant b \leqslant c \leqslant d$，称 $\tilde{A}$ 为梯形模糊数，如果 $\tilde{A}$ 的隶属函数 $\mu_{\tilde{A}}: R \to [0, 1]$ 表示为

$$\mu_{\tilde{A}} = \begin{cases} \dfrac{x-a}{b-a}, & a \leqslant x \leqslant b \\ 1, & b \leqslant x \leqslant c \\ \dfrac{x-d}{c-d}, & c \leqslant x \leqslant d \\ 0, & \text{其他} \end{cases} \tag{2-46}$$

根据三角模糊数和梯形模糊数的定义可以给出它们的图形，如图2-3所示。

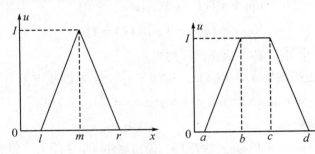

图2-3　三角模糊数和梯形模糊数

为了进行模糊运算，下面给出一些定理。

定理2.1　（分解定理）设模糊集 $\tilde{A} \in F(\tilde{A})$，$\tilde{A}_\lambda$ 是模糊集 $\tilde{A}$ 的 λ 截集，且 $\lambda \in [0, 1]$，则有：

$$\tilde{A} = \bigcup_{\lambda \in [0, 1]} \lambda \tilde{A}_\lambda \tag{2-47}$$

其中：$\lambda \tilde{A}_\lambda$ 是一个常数与一个普通集合的数量积，可以定义论域 X 上的一个特殊模糊集合。

$$\mu_{\lambda \tilde{A}_\lambda}(x) = \lambda \mu_{\tilde{A}_\lambda}(x) = \begin{cases} \lambda, & x \in \tilde{A}_\lambda \\ 0, & x \notin \tilde{A}_\lambda \end{cases} \tag{2-48}$$

定理2.2（Sakawa，1993）　（扩张原则）假设论域 $X = X_1 \times X_2 \times \cdots \times X_n$，映射 $f: X \to Y$，$\tilde{A}_1, \tilde{A}_2, \cdots, \tilde{A}_n$ 分别是 $X_1, X_2, \cdots, X_n$ 上的模糊集，且 $y = f(x_1, x_2, \cdots, x_n)$，则 $\tilde{A}_1, \tilde{A}_2, \cdots, \tilde{A}_n$ 在映射 f 的作用下的像 $f(\tilde{A}_1, \tilde{A}_2, \cdots, \tilde{A}_n)$ 是论域 Y 上的模糊集合 $\tilde{B}$，且满足：

$$\tilde{B} = \{(y, \mu_{\tilde{B}}(y)) \,|\, y = f(x_1, x_2, \cdots, x_n), (x_1, x_2, \cdots, x_n) \in U\} \tag{2-49}$$

其中：

$$\mu_{\tilde{B}}(y) = \begin{cases} \sup\limits_{(x_1, \cdots, x_n) \in f^{-1}(y)} \mu_{\tilde{A}_1 \times \cdots \times \tilde{A}_n}(x_1, x_2, \cdots, x_n), & f^{-1}(y) \neq \varnothing \\ 0, & f^{-1}(y) = \varnothing \end{cases} \tag{2-50}$$

$f^{-1}(y)$ 表示 f 的逆运算。

分解定理和扩张原则是连接普通集合和模糊集合的纽带，模糊运算就是分解定理和扩张原则的直接应用，因此，它们是模糊集理论的基础，在模糊集应用中起着重要的作用。

定理 2.3 设 $\tilde{A}$，$\tilde{B}$ 是两个模糊数，$* \in \{+，-，\times，\div，\vee，\wedge\}$，且当 $*$ 是 $\div$ 时，$\tilde{B}$ 是无零模糊数，则 $\tilde{A} * \tilde{B}$ 也是模糊数。

根据上述的分解定理、扩张原则以及定理 2.3，可以给出下面的模糊数的运算：设 $\tilde{A} = (a_1，a_2，\cdots，a_n)$，$\tilde{B} = (b_1，b_2，\cdots，b_n)$ 是两个模糊数，则定义模糊数的算术运算为

(1) $\tilde{A} + \tilde{B} = (a_1 + b_1，a_2 + b_2，\cdots，a_n + b_n)$；

(2) $\tilde{A} - \tilde{B} = (a_1 - b_n，a_2 - b_{n-1}，\cdots，a_n - b_1)$；

(3) $\tilde{A} \times \tilde{B} = (a_1 b_1，a_2 b_2，\cdots，a_n b_n)$；

(4) $\lambda \tilde{A} = (\lambda a_1，\lambda a_2，\cdots，\lambda a_n)$；

(5) $\dfrac{\lambda}{\tilde{B}} = (\dfrac{a_1}{b_n}，\dfrac{a_2}{b_{n-1}}，\cdots，\dfrac{a_n}{b_1})$。

当然，当两个模糊数 $\tilde{A}$ 和 $\tilde{B}$ 不相互包含时，模糊数之间还可以进行逻辑运算，得到极大模糊数和极小模糊数。对 $\forall x，y，z \in R$，极大模糊数和极小模糊数的隶属函数分别被定义为

$$\mu_{\tilde{A}(\vee)\tilde{B}}(z) = \sup_{x，y: z = x \vee y} \min\{\mu_{\tilde{A}}(x)，\mu_{\tilde{B}}(y)\} \tag{2-51}$$

$$\mu_{\tilde{A}(\wedge)\tilde{B}}(z) = \sup_{x，y: z = x \wedge y} \min\{\mu_{\tilde{A}}(x)，\mu_{\tilde{B}}(y)\} \tag{2-52}$$

其中：$\tilde{A}(\vee)\tilde{B}$ 和 $\tilde{A}(\wedge)\tilde{B}$ 分别表示是极大模糊数和极小模糊数，$(\vee)$ 和 $(\wedge)$ 分别表示取大和取小的广义模糊算子。

2.2.2 模糊多准则决策模型

在经典多准则决策问题中，我们可以假设 $X = \{x_1，x_2，\cdots，x_m\}$ 为 m 个备选方案的集合，$C = \{c_1，c_2，\cdots，c_n\}$ 为 n 个评估属性的集合，又设 x_{ij} 为第 i 个备选方案 x_i 相对于第 j 个评估属性 c_j 的评价值，因此，我们可用初始判断矩阵 $V = (x_{ij})_{m \times n}$ 表示评估对象集与属性之间的关系，并且根据初始判断矩阵进行规范化处理，然后根据多准则决策方法，找出所有备选方案中最满意的方案。然而，在实际的决策过程中，经常会涉及模糊的环境，决策者面对的可能是一系列的模糊变量，例如，属性指标和权重值可能是精确数字，也可能是语言变量。因此，需要在经典多准则决策方法的基础上建立 FMCDM 模型，然后对决策中的模糊变量进

行运算、比较和判别，最终选择最满意方案。

在进行模糊多准则决策前，决策者首先要根据评估的对象和评估属性建立模糊初始判断矩阵 $\widetilde{V} = (\tilde{x}_{ij})_{m \times n}$，具体如下：

$$\widetilde{V} = \left[\tilde{x}_{ij} \right]_{m \times n} = \begin{pmatrix} \tilde{x}_{11} & \tilde{x}_{12} & \cdots & \tilde{x}_{1n} \\ \tilde{x}_{21} & \tilde{x}_{22} & \cdots & \tilde{x}_{2n} \\ \vdots & \vdots & \vdots & \vdots \\ \tilde{x}_{i1} & \cdots & \tilde{x}_{ij} & \cdots \\ \vdots & \vdots & \vdots & \vdots \\ \tilde{x}_{m1} & \tilde{x}_{m2} & \cdots & \tilde{x}_{mn} \end{pmatrix} \tag{2-53}$$

其中：$\tilde{x}_{ij}$ 为第 i 个备选方案相对于第 j 个评估属性的模糊评价值。

在实际的决策过程中，模糊评估属性的量纲不同会导致模糊数给出的评估属性值不存在可比性，因此要统一量纲。对于效益型模糊指标 I_1 和成本型模糊指标 I_2，本书给出两种标准化方法。

（1）向量标准化法

$$\tilde{x}'_{ij} = \begin{cases} \tilde{x}_{ij} / \sum_{i=1}^{m} \tilde{x}_{ij}, & \forall i \in M, \ j \in I_1 \\ (1/\tilde{x}_{ij}) / \sum_{i=1}^{m} (1/\tilde{x}_{ij}), & \forall i \in M, \ j \in I_2 \end{cases} \tag{2-54}$$

其中：I_1 是效益型模糊指标，I_2 是成本型模糊指标，$M = \{1, 2, \cdots, m\}$。

（2）极大极小值法

$$\tilde{x}'_{ij} = \begin{cases} \dfrac{\tilde{x}_{ij}}{x_j^+} \wedge 1, & \forall i \in M, \ j \in I_1 \\ \dfrac{x_j^-}{\tilde{x}_{ij}} \wedge 1, & \forall i \in M, \ j \in I_2 \end{cases} \tag{2-55}$$

其中：I_1 是效益型模糊指标，I_2 是成本型模糊指标，$M = \{1, 2, \cdots, m\}$。

当规范化处理后，可以得到模糊标准化决策矩阵 $\widetilde{V}' = [\tilde{x}'_{ij}]_{m \times n}$，然后根据 FMCDM 方法可以对模糊标准化决策矩阵进行运算。Bellman 和 Zadeh 于 1970 年首次给出了模糊决策方法（Bellman & Zadeh, 1970），Baas 和 Kwakernaak 于 1977 年提出的 FMCDM 方法也被认为是模糊决策中的经典方法之一（Baas & Kwakernaak, 1977）。随着模糊集的发展，将模糊集理论与经典多准则决策方法相结合的方法得到了迅速发展，Cheng 和 McInnis（1980）给出了基于 λ 截集的模糊加权平均方法，Chu 和 Lin（2009）给出一种基于语言变量的 FMCDM 方法。AHP 方法与模糊集理论的相结合的研究也得到了发展（Chang, 1996; Cheng, 1997; Zhu et al.,

1999)。Chen（2000）给出了经典 TOPSIS 方法与模糊集理论相结合的模糊 TOPSIS（FTOPSIS）方法，随后一些改进的 FTOPSIS 方法也被一些学者研究（Chen & Tsao，2008；Ashtiani et al.，2009）。随着模糊集理论和决策理论的成熟，越来越多的模糊决策方法被提出。为了更好地了解 FMCDM 方法，徐玖平和吴巍对以往的研究进行了总结，从不同的研究角度出发，给出了多种 FMCDM 方法（徐玖平和吴巍，2006），如图 2-4 所示。

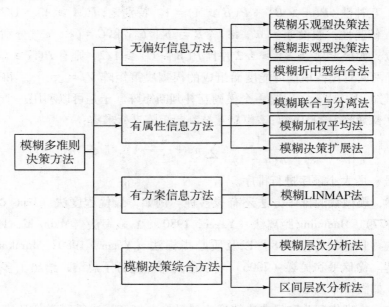

图 2-4 模糊多准则决策方法分类

在 FMCDM 中，评估的结果可能还是模糊数，因此，需要对模糊数进行排序。区间模糊数是模糊数中最常见的，在实际的多准则决策中，当分布函数或者隶属函数难以确定时，应用区间模糊数分析可能就会更加符合人们的判断习惯，决策过程也会变得更加合理。其中关于区间模糊数的讨论也取得一些成果，并应用到经济、管理、决策以及信息等各个领域（Xu & Li，1996；Zhang et al.，2005；Chen & Chen，2009；张全等，1999；徐泽水和达庆利，2001；尤天慧和樊治平，2003；冯宝军等，2012）。

定义 2.14 记 $\tilde{A}=[a^l,\ a^u]=\{x\mid a^l\leqslant x\leqslant a^u\}$ 表示实数轴上的闭区间，则称 $\tilde{A}$ 为模糊区间数。

为了比较两个区间数的大小，下面给出可能度的定义。

定义 2.15（Facchinetti et al.，1998） 记 $\tilde{A}=[a^l,\ a^u]$，$\tilde{B}=[b^l,\ b^u]$ 分别为两个区间模糊数，则 $\tilde{A}\geqslant\tilde{B}$ 的可能度 $P(\tilde{A}\geqslant\tilde{B})$ 定义为

$$P(\tilde{A} \geq \tilde{B}) = \min\left\{\max\left\{\frac{a^u - b^l}{a^u - a^l + b^u - b^l}, \ 0\right\}, \ 1\right\} \tag{2-56}$$

根据定义 2.15 可知，可能度有以下性质：

（1）有界性：$0 \leq P(\tilde{A} \geq \tilde{B}) \leq 1$。

（2）$P(\tilde{A} \geq \tilde{B}) = 1$（当且仅当 $b^u \leq a^l$）。

（3）$P(\tilde{A} \geq \tilde{B}) = 0$（当且仅当 $a^u \leq b^l$）。

（4）互补性：$P(\tilde{A} \geq \tilde{B}) + P(\tilde{B} \geq \tilde{A}) = 1$。特别地，$P(\tilde{A} \geq \tilde{A}) = 1/2$。

（5）传递性：假设 $\tilde{A} = [a^l, \ a^u]$，$\tilde{B} = [b^l, \ b^u]$ 和 $\tilde{C} = [c^l, \ c^u]$ 分别是三个区间模糊数，如果 $P(\tilde{A} \geq \tilde{B}) \geq 1/2$ 并且 $P(\tilde{B} \geq \tilde{C}) \geq 1/2$，则有 $P(\tilde{A} \geq \tilde{C}) \geq 1/2$。

对于两两对比，根据可能度而组成的模糊决策矩阵 $V_p = [p_{ij}]_{n \times n}$ 和可能度的互补性可知，$V_p = [p_{ij}]_{n \times n}$ 是一个模糊互补判断矩阵。于是可以利用一个简洁的排序公式（徐泽水，2001）对该模糊互补判断矩阵进行求解：

$$v_i = \frac{1}{n(n-1)}\left(\sum_{j=1}^{n} p_{ij} + \frac{n}{2} - 1\right), \ i \in N \tag{2-57}$$

然后根据 v_i 的大小顺序进行排序。

当然，模糊数的排序方法还有很多种。例如，最优程度法（Baas & Kwakernaak，1977）、Hamming 距离法（Yager，1980）、λ 截集法（Mabuchi，1988）、均值散布法（Lee & Li，1988）以及质心指标法（Yager，1980；Murakami et al.，1983）等。徐玖平和吴巍（2006）对以往的研究进行了总结，给出了多种模糊排序方法，如图 2-5 所示。

总之，模糊集理论和经典决策理论的融合，拓宽了决策科学的研究领域，而基于模糊理论和决策科学的 FMCDM 也是当前正在蓬勃发展而且有待继续发展的一个重要研究领域。由于现代决策具有复杂性和模糊性，因此 FMCDM 也是决策科学发展的必然。但在上述已有文献综述的基础上可以发现，模糊决策理论和方法还不完善，仍有许多问题需要研究。本书也正是在这样的背景下，针对模糊环境下的多准则决策问题、信息集结问题以及属性权重信息不完全的决策理论方法及其应用进行系统的探讨，以丰富和完善模糊决策理论。

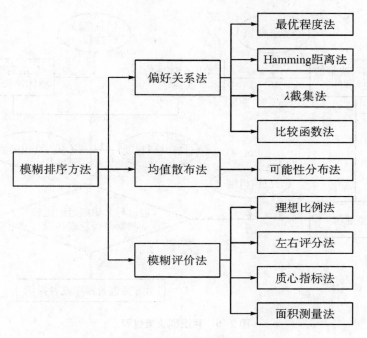

图 2-5 模糊排序方法

2.3 共识群决策

群决策的特点是从一组备选方案中选择最佳方案或意见。在很多实际群决策问题中，决策者的知识、背景、经验以及能力存在着较大的差异，这也会导致决策者在进行备选方案评价时，给出的偏好信息存在较大差异。如果在集结决策者的偏好信息前，不充分考虑其意见的差别，就有可能导致决策过程中的意见冲突，进而影响最终的决策结果。因此，在群决策过程中，在集结决策者的偏好信息确定备选方案的综合排序之前，组织者需要去协调决策者间的关系，减少决策者间的冲突，最后在某个条件下达成共识，并且在共识达成的过程中，允许决策者可以不断修改或者调整自己的评价，提升决策者之间的共识程度，进而提高决策者对决策结果的满意度。共识群决策过程如图 2-6 所示。

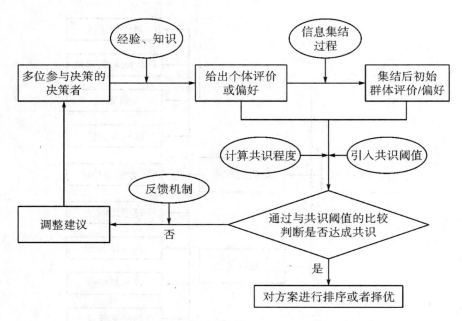

图 2-6　共识群决策过程

针对群决策过程中共识问题，徐选华等（2014）针对每一个属性下决策者都有一个关于决策方案的乘法偏好关系的决策问题，提出一种基于乘法偏好关系的群一致性偏差熵多属性群决策方法。冯建岗和魏翠萍（2014）给出语言分布评估信息下的群决策方法及其群体一致性分析。Ben-Arieh 和 Chen（2006）基于个别专家的意见和集结的专家信息，给出语言群决策的共识方法。Chiclana 等（2008）讨论了共识模型中的一致性研究。Dong 等（2015）给出基于最小化调整原则的群共识方法。梁昌勇等（2009）给出一种评价信息不完全的异构多属性群决策方法。燕蜻和梁吉业（2011）给出一种混合多属性群决策的群体一致性分析方法，避免了专家评价信息的过度修改。张卓（2014）分析了混合属性信息的度量关系，把混合属性统一到一种属性信息下，然后给出了多属性决策研究。Li 等（2010）提出了一个包含精确数、区间数、模糊数的异构多属性群决策系统。Zhang 和 Gao（2014）提出了残缺异构偏好信息评估的群决策模型。Pérez 等（2014）基于异构的专家信息提出了群体决策共识模型。虽然群体决策评估已经取得了大量的成果，但是在这些研究中，决策的属性表示形式比较单一，或者是把混合形式转化成为单一形式，或者缺乏共识过程的反馈机制。随着计算机技术和网络技术的发展，决策环境越来越复杂，现有研究尚缺乏解决模糊环境下异构群体决策方法的探索。因此，模糊环境下的群体决策理论与方法的研究有待进一步深入和拓展。

2.4 本章小结

实际上，在决策过程中，许多问题的界线都是不明确的，如果仅仅通过经典决策方法去追求数学上的严谨性和精密性，往往是困难的，甚至是行不通的。Zadeh 教授给出了模糊集理论实际上是对经典 Cantor 集理论的一个推广，将经典集合的二值逻辑推广到模糊区间的连续性逻辑，这种推广可以让经典决策方法得到拓展，适用范围更加广泛，并且能够更加完善地处理实际生活中的模糊问题。

本章主要回顾了决策时的量纲统一方法以及经典的多准则决策方法，然后给出模糊集理论的相关定义、定理、性质以及 FMCDM 方法中的信息转换、模糊数大小比较、模糊排序等方法以及共识群决策过程，以便为后面章节的研究内容打下基础。

总之，模糊信息集结和共识群决策作为模糊集理论和决策科学共同发展的产物，在现代社会生活中起着重要的作用。然而，基于上述的文献回顾我们可以发现，模糊多准则决策方法和共识达成方法的研究还不是很完善，比如：模糊数排序的方法、可能度的确定、模糊集成算子以及不同情况下的决策问题、异构群决策问题等还有待进一步研究。因此，后面的章节将以以往的研究成果为基础，给出新的模糊环境下的信息集结方法和共识决策方法，以便拓展模糊决策科学的应用范畴。

3 基于泛化模糊数的多准则决策

3.1 引言

在人们的日常生活中，对于决策者来说，选择一个满意的评估方案是极其重要的，在方案评估中最常用的方法是线性权重模型，该模型首先确定评估方案选择时所依据的评估准则，同时给每个准则确定一个合理科学的权重，其次将评估方案在不同准则上的得分乘以该评估准则的权重，进行综合处理并得到一个总的评分，最后根据每个评估方案的得分进行比较和选择。然而随着社会的进步和发展，人们面临的决策问题也越来越复杂，简单的线性加权模型已经不能很好地解释决策结果的实用性，因此，人们在面临决策问题时需要根据决策的实际情况和步骤选择适宜的决策方法。

多准则决策（multiple criteria decision making，MCDM）是决策理论的重要组成部分，是指对具有多个目标的有限个方案按照某个决策准则进行选择、排序、评价等的一种决策方法。MCDM 具有较强的实用性，因此也被应用到各个领域（Yakowitz et al.，1993；Zavadskas et al.，2008；Ho et al.，2010；Sun，2010；Peng et al.，2011；寇纲等，2012；张晓和樊治平，2012）。随着社会的发展，越来越多的MCDM方法被提出，Saaty（1980）提出了一种实用、简洁和系统的层次分析法（AHP），这使决策者应用属性层次结构来构造复杂的多准则决策问题变成了可能；Hwang 和 Yoon（1981）提出了接近理想方案的序数偏好方法 TOPSIS（technique for order preference by similarity to ideal solution）；Gabus 和 Fontela（1972）提出一种用于筛选复杂系统的主要因素简化分析系统过程的决策试验和评价实验法（decision-making trial and evaluation laboratory，DEMATEL）；Peng 等（2008）学者给出了多准则决策方法在数据挖掘和知识发现中的应用；Triantaphyllou 和 Sanchez（1997）给出了多准则决策问题中属性权重和方案选择偏好值的敏感性分析方法。

然而，随着科技的发展和人类知识水平的不断提高，人们对事物的判断也越来越复杂。在当今的决策分析过程中，决策者偏好信息的准确获取是非常重要的，然而由于每个决策者具有不同的偏好结构，加上有些评估属性比较模糊或者抽象、决策者知识水平有限以及决策背景的复杂性，使得决策者往往不愿意给出精确的数值，而是语言信息或者模糊信息。同时，基于客观事物的不确定性和人类思维的模糊性，人们通常用模糊信息来描述评估方案的属性值。因此，为了解决决策过程中的模糊问题，1965 年，美国著名的控制论专家，加利福尼亚大学的 Zadeh 教授提出了模糊集（fuzzy set）的概念，并建立了模糊集合理论。模糊集理论的应用相当广泛，其中一个应用就是与经典的多准则决策理论相结合形成了模糊多准则决策（fuzzy multiple criteria decision making，FMCDM）。模糊集理论是解决可能信息不确定性的一种有效方法，并且方便了人们对模糊问题的解决。FMCDM 易于理解且实用性较强，因此也得到了学者们的广泛关注。Bellman 和 Zadeh（1970）首次将模糊集理论与决策问题进行结合，给出了一种模糊环境下的决策过程；Huang（2012）提出了一种结合模糊集理论、网络层次分析法（analytic network process，ANP）以及数学规划模型的 FMCDM，并给出了在国际投资中的应用；Chang 等（2011）给出了一种结合模糊集理论和 DEMATEL 的模糊多准则决策方法，并给出了它在供应链管理中的应用；Hatami-Marbini 和 Tavana（2011）通过建立模糊准则确立优先关系，然后给出了一种基于 ELECTRE 的模糊偏好评估模型；Wan 和 Li（2013）提出了基于直觉模糊集的偏好线性规划模型（linear programming technique for multidimensional analysis of preference，LINMAP），解决了异构的多准则决策模型；Chen 等（2005）通过模糊 AHP 方法计算主观权重，然后结合模糊集理论给出 FMCDM 方法，并给出该方法在人力资源管理中的应用。基于模糊集理论和经典决策方法，一些改进的 FMCDM 方法也被学者进行了讨论（Fenton & Wang，2006；Pankaj et al.，2007；Yang et al.，2008；He et al.，2009；Wei et al.，2012；Zheng et al.，2012）。然而这些研究大多是基于线性模糊数（如区间模糊数、三角模糊数、梯形模糊数）进行的，并不能根据专家的偏好改变而调整评估过程，为此，本书给出一种新的模糊数形式——泛化的模糊数（generalized fuzzy number，GFN），然后结合经典的多准则决策理论，通过基于离差最大化的线性规划模型来对属性权重部分未知的决策问题进行评估。

Hausdorff 距离是由 Nadler 教授于 1978 年提出的（Nadler，1978），是两个点集之间距离测度的一种定义形式，它是用来描绘不同点集之间相似程度的一种量度，该距离对点集的形变不是很敏感，在计算时不需要建立不同点集间的点与点之间的对应。因此，Hausdorff 距离与其他大多数点集距离方法相比，具有更好的鲁棒性。与此同时，应用 Hausdorff 距离计算时，其并不依赖于点集上的一一对应关系，所以 Hausdorff 距离可以忍耐点集中不同点的不确定位置。基于 Hausdorff

距离的这些特点，其应用也被一些学者关注。Huttenlocher 等（1993）提出一种基于二进制图像所有可能相对位置和模型间的 Hausdorff 距离的算法，计算结果显示，该算法的计算误差较小；Chaudhuri 和 Rosenfeld（1999）把 Hausdorff 距离应用到模糊集当中，给出一种模糊集间的改进 Hausdorff 距离测度，从而降低了噪声对距离的影响；Hung 和 Yang（2004）提出一种基于直觉模糊集（intuitionistic fuzzy sets，IFSs）经典 Hausdorff 距离测度的简单相似度测量方法，并且给出在模式识别当中的应用；Lin 等（2003）提出了一个新的空间加权的 Hausdorff 距离的人脸识别模型，并给出两种改进的 Hausdorff 距离；Xu 和 Xia（2011）给出了犹豫模糊集的 Hausdorff 距离测度，这也拓展了 Hausdorff 距离在模糊集中的应用。随着 FMCDM 方法的发展，Hausdorff 距离也被学者们应用到多准则决策当中，并取得了一定的成果（Wan et al.，2013；侯福均和吴祈宗，2005；林军，2007；王卫星和刘娟，2009）。本章介绍的基于 GFNs 的 Hausdorff 距离能减少决策过程中计算的复杂度。

在 MCDM 中，基于优先级向量的排序是一种重要的排序方法，一些学者也对相关方法进行了研究。Peng 等（2011）提出一种基于分类算法的加权 MCDM 方法，结果表明，MCDM 方法在对分类算法进行评估时是很有用的工具；Soylu（2010）提出一种基于切比雪夫函数的 PrometheeII 方法对方案进行选择和排序；Ergu 等（2014）给出了网络层次分析法（analytical network process，ANP）在风险评估和决策分析中的应用。当然，在模糊决策时，决策的过程或者结果可能还是模糊数的形式，因此，如何对决策结果进行排序也是一个热门的研究话题。Chen 等（2006）给出了一个基于模糊集理论的层次 MCDM 方法来解决供应链系统中的供应商选择问题；Nakahara 等（1992）研究了区间系数线性规划问题，提出了基于概率约束的新概念，并且给出了区间模糊数可能度的算法；徐泽水（2002）提出基于三角模糊数可能度的互补判断矩阵的一种排序方法，并给出三角模糊数可能度的算法。然而并没有文章研究 GFN 的可能度算法，因此，基于模糊数的均值和方差（Carlsson & Fuller，2001），本章给出了基于 GFN 的可能度算法。该算法是对区间模糊数和三角模糊数可能度计算方法的扩展，适用范围更加广泛。

因此，本章提出了一种基于泛化模糊数（GFNs）的 MCDM 方法。在该方法中，GFNs 间的距离由 Hausdorff 距离给出，然后根据离差最大化的线性规划模型来求属性的模糊权重，根据改进的可能度排序方法对模糊评估方案进行排序，最后通过一个数值例子验证了所提出的模型。结果表明，该模型为满足决策者的不同评估要求提供一个切实有效的方法。

3.2　相关定义和性质

本节给出了模糊数的一些定义、性质和运算，从而为后面的模糊决策提供理论基础。

为了对模糊集进行运算，首先给出 λ 截集的相关定义，在第 2 章，由定义 2.8 可知，模糊集 $\tilde{A} \in F(\tilde{A})$，对 $\forall \lambda \in [0, 1]$，$\tilde{A}$ 的 λ 截集为：$\tilde{A}_{\lambda} = \{x \mid x \in X, \mu_A \sim (x) \geqslant \lambda\}$，其中：$\lambda$ 称为置信水平或置信度。

为了与 GFN 进行对比，在此给出两种模糊数（三角模糊数和梯形模糊数）：

（1）记 $\tilde{A} = (a, b, c)$，$0 \leqslant a \leqslant b \leqslant c$，称 $\tilde{A}$ 为三角模糊数，如果 $\tilde{A}$ 的隶属函数 $\mu_{\tilde{A}}: R \to [0, 1]$ 满足：

$$\mu_{\tilde{A}} = \begin{cases} \dfrac{x - a}{b - a}, & a \leqslant x \leqslant b \\[2mm] \dfrac{x - c}{b - c}, & b \leqslant x \leqslant c \\[2mm] 0, & \text{其他} \end{cases}$$

（2）记 $\tilde{A} = (a, b, c, d)$，$0 \leqslant a \leqslant b \leqslant c \leqslant d$，称 $\tilde{A}$ 为梯形模糊数，如果 $\tilde{A}$ 的隶属函数 $\mu_{\tilde{A}}: R \to [0, 1]$ 表示为

$$\mu_{\tilde{A}} = \begin{cases} \dfrac{x - a}{b - a}, & a \leqslant x \leqslant b \\[2mm] 1, & b \leqslant x \leqslant c \\[2mm] \dfrac{x - d}{c - d}, & c \leqslant x \leqslant d \\[2mm] 0, & \text{其他} \end{cases}$$

基于三角模糊数和梯形模糊数的定义，下面给出 GFN 的定义。

定义 3.1　记 $\tilde{A} = (a, b, c, d)_n$，$n > 0, 0 \leqslant a \leqslant b \leqslant c \leqslant d$，称 $\tilde{A}$ 为泛化模糊数（generalized fuzzy number，GFN），如果 $\tilde{A}$ 的隶属函数 $\mu_{\tilde{A}}: R \to [0, 1]$ 表示为

$$\mu_{\tilde{A}} = \begin{cases} \left(\dfrac{x - a}{b - a}\right)^n, & a \leqslant x \leqslant b \\[2mm] 1, & b \leqslant x \leqslant c \\[2mm] \left(\dfrac{d - x}{d - c}\right)^n, & c \leqslant x \leqslant d \\[2mm] 0, & \text{其他} \end{cases} \tag{3-1}$$

为了更清楚地介绍 GFN，我们假设 $a = 2$，$b = 6$，$c = 8$，$d = 12$，并且给出参

数 n 取不同数值时的 GFN 的隶属函数的图形，如图 3-1 所示。

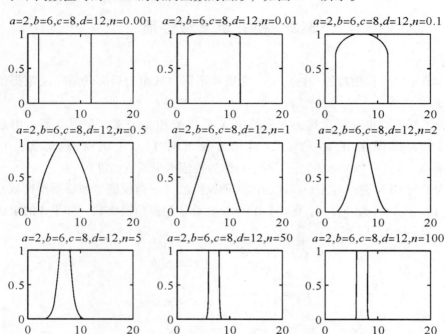

图 3-1　不同 n 下的 GFN 的隶属函数图形

从图 3-1 可以看出，GFN 是一个非线性的模糊数，并且当参数 n 取不同数值时，GFN 表现出不同的模糊性。例如，当参数 $0 < n < 1$ 时，GFN 的隶属函数的图形左右两支扩张，当参数 $n > 1$ 时，GFN 的隶属函数的图形左右两支收缩。特别地，当参数 $n = 1$ 时，GFN 的隶属函数的图形退化成梯形模糊数隶属函数的图形；当参数 $n = 1$ 且 $b = c$ 时，GFN 的隶属函数的图形退化成三角模糊数隶属函数的图形。另外，由图 3-1 可知，GFN 也表现出一些特征，例如，随着参数 n 的增大。GFN 所表现出的模糊性区间也逐渐增大，在决策时应用 GFN，减少了模型主观参数的选择，提高了模型的鲁棒性，为决策者提供了合理的模糊评判。

下面给出 GFN 的一些运算法则。

假设 $\tilde{A} = (a_1, b_1, c_1, d_1)_n$ 和 $\tilde{B} = (a_2, b_2, c_2, d_2)_n$ 是任意的两个 GFNs，λ 是一个正的常数，则 GFNs 的运算可以定义为

(1) $\tilde{A} \oplus \tilde{B} \triangleq (a_1 + a_2, b_1 + b_2, c_1 + c_2, d_1 + d_2)_n$；

(2) $\tilde{A} \otimes \tilde{B} \triangleq (a_1 a_2, b_1 b_2, c_1 c_2, d_1 d_2)_n$；

(3) $\lambda \tilde{A} \triangleq (\lambda a_1, \lambda b_1, \lambda c_1, \lambda d_1)_n$；

(4) $\dfrac{\tilde{A}}{\tilde{B}} \triangleq \left(\dfrac{a_1}{d_2}, \dfrac{b_1}{c_2}, \dfrac{c_1}{b_2}, \dfrac{d_1}{a_2} \right)_n$；

（5）两个 GFNs 间的 Manhattan 距离

$$d_M(\tilde{A}, \tilde{B}) = \int_0^1 |\tilde{A}_\lambda{}^- - \tilde{B}_\lambda{}^-| + |\tilde{A}_\lambda{}^+ - \tilde{B}_\lambda{}^+| d\lambda$$

$$= \left| \frac{n}{n+1}(b_1 - b_2) + \frac{1}{n+1}(a_1 - a_2) \right| +$$

$$\left| \frac{n}{n+1}(c_1 - c_2) + \frac{1}{n+1}(d_1 - d_2) \right| 。$$

然而，在 GFN 运算法则中，两个 GFNs 间的 Manhattan 距离在运算中比较复杂，且容易受到参数影响，为了减少计算的复杂性，我们引入了经典的 Hausdorff 距离（Nadler，1978）来表述 GFNs 之间的距离。Hausdorff 距离是一个最大最小距离，可以说明两集合间的相互关系，并且可以测量两组集合之间最大程度的不匹配性。由于模糊数可以被看作一个集合，因此，我们可以用 Hausdorff 距离作为 GFNs 的距离，从而简化决策过程。

定义 3.2（Nadler，1978） 记 A 和 B 是任意两个集合，则 A 和 B 之间的 Hausdorff 距离 $H(A, B)$ 可以定义为

$$H(A, B) = \max(h(A, B), h(B, A)) \tag{3-2}$$

其中：$h(A, B) = \max\limits_{a \in A} \min\limits_{b \in B} \| a - b \|$，$\| \cdot \|$ 表示某个空间（例如：L_2 空间或者 H_2 空间）上的范数。

根据定义 3.2 可以给出两个模糊集合间的 Hausdorff 距离。

定义 3.3 记 $\tilde{A}$ 和 $\tilde{B}$ 是任意两个模糊集合，则模糊集合 $\tilde{A}$ 和 $\tilde{B}$ 之间的 Hausdorff 距离 $d_H(\tilde{A}, \tilde{B})$ 可以定义为

$$d_H(\tilde{A}, \tilde{B}) = \sup_{\lambda \in [0, 1]} \max\{\sup_{x \in \tilde{A}_\lambda} \inf_{y \in \tilde{B}_\lambda} d(x, y), \sup_{y \in \tilde{A}_\lambda} \inf_{x \in \tilde{B}_\lambda} d(x, y)\} \tag{3-3}$$

其中：$\tilde{A}_\lambda$ 和 $\tilde{B}_\lambda$ 分别是两个模糊集合的 λ 截集，且是论域 X 上的非空有界闭区间，$\tilde{A}_\lambda$ 和 $\tilde{B}_\lambda$ 分别表示为 $\tilde{A}_\lambda = [\tilde{A}_\lambda^-, \tilde{A}_\lambda^+]$ 和 $\tilde{B}_\lambda = [\tilde{B}_\lambda^-, \tilde{B}_\lambda^+]$，$\tilde{A}_\lambda^-$ 和 $\tilde{B}_\lambda^-$ 分别为区间的下限，$\tilde{A}_\lambda^+$ 和 $\tilde{B}_\lambda^+$ 分别为区间的上限。

因此，对于任意两个模糊集合 $\tilde{A}$ 和 $\tilde{B}$，可得

$$\max\{\sup_{x \in \tilde{A}_\lambda} \inf_{y \in \tilde{B}_\lambda} d(x, y), \sup_{y \in \tilde{A}_\lambda} \inf_{x \in \tilde{B}_\lambda} d(x, y)\} = \max\{|\tilde{A}_\lambda^- - \tilde{B}_\lambda^-|, |\tilde{A}_\lambda^+ - \tilde{B}_\lambda^+|\}$$

$$\tag{3-4}$$

通过式（3-3）和式（3-4），可得模糊集合 $\tilde{A}$ 和 $\tilde{B}$ 之间的 Hausdorff 距离 $d_H(\tilde{A}, \tilde{B})$ 为

$$d_H(\tilde{A}, \tilde{B}) = \sup_{\lambda \in [0, 1]} \max\{|\tilde{A}_\lambda^- - \tilde{B}_\lambda^-|, |\tilde{A}_\lambda^+ - \tilde{B}_\lambda^+|\} \tag{3-5}$$

由于 GFN 也是模糊集合的一种，因此可以通过式（3-5）来确定 GFN 的 Hausdorff 距离。

假设 $\tilde{A}$ 是一个 GFN，且 $\tilde{A} = (a, b, c, d)_n$，$0 \leqslant a \leqslant b \leqslant c \leqslant d$，$n > 0$，由定义 2.8 可得 $\tilde{A}$ 的 λ 截集为

$$\tilde{A}_\lambda = \left[(b - a)\lambda^{\frac{1}{n}} + a, \ (c - d)\lambda^{\frac{1}{n}} + d \right] \tag{3-6}$$

根据上述分析，对于任意的两个 GFNs $\tilde{A}$ 和 $\tilde{B}$，它们之间的 Hausdorff 距离可以定义为：

定义 3.4 记 $\tilde{A}$ 和 $\tilde{B}$ 是任意两个 GFNs，$\tilde{A} = (a_1, b_1, c_1, d_1)_n$ 和 $\tilde{B} = (a_2, b_2, c_2, d_2)_n$，$n > 0$，则 $\tilde{A}$ 和 $\tilde{B}$ 之间的 Hausdorff 距离 $D_H(\tilde{A}, \tilde{B})$ 可以定义为

$$D_H(\tilde{A}, \tilde{B}) = \max\{|a_1 - a_2|, \ |b_1 - b_2|, \ |c_1 - c_2|, \ |d_1 - d_2|\} \tag{3-7}$$

证明：因为 $\tilde{A} = (a_1, b_1, c_1, d_1)_n$ 和 $\tilde{B} = (a_2, b_2, c_2, d_2)_n$，$n > 0$，由定义 2.8 可得 $\tilde{A}$ 和 $\tilde{B}$ 的 λ 截集分别为

$$\tilde{A}_\lambda = \left[(b_1 - a_1)\lambda^{\frac{1}{n}} + a_1, \ (c_1 - d_1)\lambda^{\frac{1}{n}} + d_1 \right]$$

$$\tilde{B}_\lambda = \left[(b_2 - a_2)\lambda^{\frac{1}{n}} + a_2, \ (c_2 - d_2)\lambda^{\frac{1}{n}} + d_2 \right]$$

于是可得：

$$
\begin{aligned}
|\tilde{A}_\lambda^- - \tilde{B}_\lambda^-| &= |(b_1 - a_1)\lambda^{\frac{1}{n}} + a_1 - (b_2 - a_2)\lambda^{\frac{1}{n}} - a_2| \\
&= |(b_1 - a_1 - b_2 + a_2)\lambda^{\frac{1}{n}} + (a_1 - a_2)|
\end{aligned} \tag{3-8}
$$

$$
\begin{aligned}
|\tilde{A}_\lambda^+ - \tilde{B}_\lambda^+| &= |(c_1 - d_1)\lambda^{\frac{1}{n}} + d_1 - (c_2 - d_2)\lambda^{\frac{1}{n}} - d_2| \\
&= |(c_1 - d_1 - c_2 + d_2)\lambda^{\frac{1}{n}} + (d_1 - d_2)|
\end{aligned} \tag{3-9}
$$

把式（3-8）和式（3-9）代入式（3-5）可得：

$$
\begin{aligned}
d_H &= \sup_{\lambda \in [0, 1]} \max\{ |(b_1 - a_1 - b_2 + a_2)\lambda^{\frac{1}{n}} + (a_1 - a_2)|, \\
&\quad |(c_1 - d_1 - c_2 + d_2)\lambda^{\frac{1}{n}} + (d_1 - d_2)| \} \\
&= \sup_{\lambda \in [0, 1]} \max\{ |(b_1 - b_2)\lambda^{\frac{1}{n}} + (a_1 - a_2)(1 - \lambda^{\frac{1}{n}})|, \\
&\quad |(c_1 - c_2)\lambda^{\frac{1}{n}} + (d_1 - d_2)(1 - \lambda^{\frac{1}{n}})| \} \\
&= \max\{|a_1 - a_2|, \ |b_1 - b_2|, \ |c_1 - c_2|, \ |d_1 - d_2|\}
\end{aligned}
$$

因此，公式（3-7）是成立的。

证毕。

在 FMCDM 中，属性的权重也是一个非常重要的参数，它直接影响着决策结果的合理性和准确性。因此，一些权重确定方法也被提出，例如：AHP 法（Saaty，1980）、信息熵法（Mon et al.，1994）、数学规划法（Wei，2008）、灰色关联定权法（钱吴永等，2008）、TOPSIS 定权法（王旭等，2011）等，这些方法都取得了不错的评估结果。为了更好地拓展模糊权重的确定方法，在本章中，我

们给出一种基于离差最大化的线性规划方法，针对属性权重部分信息未知的情况进行权重确定。

3.3 确定属性权重

假设 $X = \{x_1, x_2, \cdots, x_m\}$ 为 m 个备选方案的集合，$C = \{c_1, c_2, \cdots, c_n\}$ 为 n 个评估属性的集合，属性间是相互独立的。又设 $\tilde{x}_{ij}$ 为第 i 个备选方案 x_i 相对于第 j 个评估属性 c_j 的评价值，且 $\tilde{x}_{ij}$ 的评估值由 GFN 表示。在评估过程中，假设属性的权重 ω 是部分未知的，且 $\omega = \{\omega_1, \omega_2, \cdots, \omega_n\}$。根据备选方案集和评估属性集之间的关系，可以组成的初始判断矩阵 $\widetilde{V} = (\tilde{x}_{ij})_{m \times n}$ 如下：

$$\widetilde{V} = [\tilde{x}_{ij}]_{m \times n} = \begin{pmatrix} \tilde{x}_{11} & \tilde{x}_{12} & \cdots & \tilde{x}_{1n} \\ \tilde{x}_{21} & \tilde{x}_{22} & \cdots & \tilde{x}_{2n} \\ \vdots & \vdots & & \vdots \\ \tilde{x}_{i1} & \cdots & \tilde{x}_{ij} & \cdots \\ \vdots & \vdots & & \vdots \\ \tilde{x}_{m1} & \tilde{x}_{m2} & \cdots & \tilde{x}_{mn} \end{pmatrix} \tag{3-10}$$

为了统一属性的量纲，应用极大极小值法对初始判断矩阵 $\widetilde{V} = (\tilde{x}_{ij})_{m \times n}$ 中属性值进行规范化处理如下：

$$\tilde{x}'_{ij} = \begin{cases} \dfrac{\tilde{x}_{ij}}{x_j^+} \wedge 1, & \forall i \in M, j \in I_1, \\[3mm] \dfrac{x_j^-}{\tilde{x}_{ij}} \wedge 1, & \forall i \in M, j \in I_2. \end{cases} \tag{3-11}$$

其中：I_1 是效益型模糊指标，I_2 是成本型模糊指标，$M = \{1, 2, \cdots, m\}$。

于是得到标准化的模糊决策矩阵 $\widetilde{V}' = (\tilde{x}'_{ij})_{m \times n}$ 如下：

$$\widetilde{V}' = [\tilde{x}'_{ij}]_{m \times n} = \begin{pmatrix} \tilde{x}'_{11} & \tilde{x}'_{12} & \cdots & \tilde{x}'_{1n} \\ \tilde{x}'_{21} & \tilde{x}'_{22} & \cdots & \tilde{x}'_{2n} \\ \vdots & \vdots & \vdots & \vdots \\ \tilde{x}'_{i1} & \cdots & \tilde{x}'_{ij} & \cdots \\ \vdots & \vdots & \vdots & \vdots \\ \tilde{x}'_{m1} & \tilde{x}'_{m2} & \cdots & \tilde{x}'_{mn} \end{pmatrix} \tag{3-12}$$

其中：$\tilde{x}'_{ij}$ 的标准化评估值由 GFN 表示。

对于模糊化标准决策矩阵 $\widetilde{V}' = (\tilde{x}'_{ij})_{m \times n}$，由于 $\tilde{x}'_{ij}$ 是模糊数，因此无法直接相

互比较和计算。Hausdorff 距离可以表示两个模糊集合的距离，因此可以用来计算两个 GFNs 间的离差度。假设 $D(\tilde{x}'_{ij}, \tilde{x}'_{kj})$ 是模糊化标准决策矩阵 $\widetilde{V}' = (\tilde{x}'_{ij})_{m \times n}$ 两个属性 $\tilde{x}'_{ij}$ 和 $\tilde{x}'_{kj}$ 之间的离差度，其中：$D(\tilde{x}'_{ij}, \tilde{x}'_{kj})$ 是由定义给出的 GFNs 间的 Hausdorff 距离。显然，属性间的偏差越大，则离差度 $D(\tilde{x}'_{ij}, \tilde{x}'_{kj})$ 的值也就越大。因此，对于属性 $\tilde{x}'_j$，方案 x_i 与其他方案之间的离差度可以表示为

$$D_{ij} = \sum_{k=1}^{m} D(\tilde{x}'_{ij}, \tilde{x}'_{kj}) , i \in M, j \in N \tag{3-13}$$

方案间总的离差度可以表示为

$$D_j = \sum_{i=1}^{m} D_{ij} = \sum_{i=1}^{m} \sum_{k=1}^{m} D(\tilde{x}'_{ij}, \tilde{x}'_{kj}) , i \in M \tag{3-14}$$

因为，在属性 $\tilde{x}'_j$ 下，方案间总的离差值越大，则该属性在这个方案的排序过程中起到的作用越大，因此需要赋予该属性一个较大权重。根据这个分析可知，属性的权重影响着方案的排序，且在某个属性下方案间总的离差值越大，则需要给属性赋予较大的权重。于是，对属性权重向量的选择应满足：在所有评估属性下，最大化所有方案间的总体离差度。

在评估时，由于客观事物的复杂性和不确定性以及人类知识的局限性和思维的模糊性，决策者很难给出明确的属性权重信息，而是给出部分的信息，比如权重信息由区间模糊数给出。为了计算此种情况下的权重，我们给出一种基于离差最大化的数学规划模型。

假设属性权重为 ω_j，且 $\omega_j \in [a_j, b_j]$，$0 \leqslant a_j \leqslant b_j \leqslant 1$，由上述分析可知，为了确定属性的确切权重，可建立如下线性规划模型：

$$\text{P}: \max D(\omega) = \max \sum_{j=1}^{n} D_j \omega_j = \max \sum_{j=1}^{n} \sum_{i=1}^{m} \sum_{k=1}^{m} D(\tilde{x}'_{ij}, \tilde{x}'_{kj}) \omega_j \tag{3-15}$$

$$\text{s.t.} \sum_{j=1}^{n} \omega_j = 1 , \omega_j \in [a_j, b_j] , \omega_j \geqslant 0 , j \in N$$

假设通过线性规划（3-15）所求的属性权重为 $\omega = (\omega_1, \omega_2, \cdots, \omega_n)^T$，于是可以通过线性加权求得加权标准化决策矩阵 $\tilde{Z}_i$

$$\tilde{Z}_i = \sum_{j=1}^{n} \tilde{x}'_{ij} \omega_j , i \in M \tag{3-16}$$

其中：

$$\tilde{Z}_i = \omega \cdot \tilde{V}' = (\omega_1, \ \omega_2, \ \cdots, \ \omega_n) \cdot \begin{pmatrix} \tilde{x}'_{11} & \tilde{x}'_{12} & \cdots & \tilde{x}'_{1n} \\ \tilde{x}'_{21} & \tilde{x}'_{22} & \cdots & \tilde{x}'_{2n} \\ \vdots & \vdots & \vdots & \vdots \\ \tilde{x}'_{i1} & & \tilde{x}'_{ij} & \cdots \\ \vdots & \vdots & \vdots & \vdots \\ \tilde{x}'_{m1} & \tilde{x}'_{m2} & \cdots & \tilde{x}'_{mn} \end{pmatrix}$$

$$= (\tilde{Z}_1, \ \tilde{Z}_2, \ \cdots, \ \tilde{Z}_n) \tag{3-17}$$

由式（3-17）可知，评估后的结果 $\tilde{Z}_i$ 仍然是 GFNs，因此需要对 $\tilde{Z}_i$ 进行排序。为此，我们提出了一种基于改进可能度的模糊数排序方法。

3.4 方案排序

在 FMCDM 中，由于方案最终的评估结果可能是模糊数，而模糊数也不会像实数那样可以直接产生完全的排序，因此，我们需要对模糊数按照一定的方式或者技巧进行排序。本章首先给出 GFNs 的可能度计算公式，然后基于互补判断矩阵来对 GFNs 进行排序。

为了更好地说明提出的改进排序方法，下面给出几个定义。

定义 3.5（Carlsson & Fuller, 2001） 记 $\tilde{A}$ 为一个模糊数，其 λ 截集为 $\tilde{A}_\lambda = [\tilde{A}_\lambda^-, \ \tilde{A}_\lambda^+]$，则 $\tilde{A}$ 的区间可能性均值定义为

$$E(\tilde{A}) = \left[2 \int_0^1 \lambda \tilde{A}_\lambda^- \mathrm{d}\lambda, \ 2 \int_0^1 \lambda \tilde{A}_\lambda^+ \mathrm{d}\lambda \right] \tag{3-18}$$

定义 3.6（Facchinetti et al., 1998） 记 $\tilde{A} = [a^l, \ a^u]$，$\tilde{B} = [b^l, \ b^u]$ 分别为两个区间模糊数，则 $\tilde{A} \geqslant \tilde{B}$ 的可能度 $P(\tilde{A} \geqslant \tilde{B})$ 定义为

$$P(\tilde{A} \geqslant \tilde{B}) = \min\left\{ \max\left\{ \frac{a^u - b^l}{a^u - a^l + b^u - b^l}, \ 0 \right\}, \ 1 \right\} \tag{3-19}$$

根据定义 3.5 和定义 3.6，对于任意两个模糊数 $\tilde{A}$ 和 $\tilde{B}$，其 $\tilde{A} \geqslant \tilde{B}$ 的可能度可以定义如下：

定义 3.7 假设 $\tilde{A}$ 和 $\tilde{B}$ 为两个模糊数，其 λ 截集分别表示为 $\tilde{A}_\lambda = [\tilde{A}_\lambda^-, \ \tilde{A}_\lambda^+]$ 和 $\tilde{B}_\lambda = [\tilde{B}_\lambda^-, \ \tilde{B}_\lambda^+]$，则 $\tilde{A} \geqslant \tilde{B}$ 的可能度 $\mathrm{IP}(\tilde{A} \geqslant \tilde{B})$ 定义为

$$\mathrm{IP}(\tilde{A} \geqslant \tilde{B}) = \frac{\max\{0, \ f_1(\lambda) - \max\{f_2(\lambda), \ 0\}\}}{f_1(\lambda)} \tag{3-20}$$

其中：

$$f_1(\lambda) = \int_0^1 \lambda\, (\tilde{A}_\lambda^+ - \tilde{A}_\lambda^- + \tilde{B}_\lambda^+ - \tilde{B}_\lambda^-)\,d\lambda \qquad (3\text{-}21)$$

$$f_2(\lambda) = \int_0^1 \lambda\, (\tilde{B}_\lambda^+ - \tilde{A}_\lambda^-)\,d\lambda \qquad (3\text{-}22)$$

由定义 3.7 可知，提出的可能度 $\mathrm{IP}(\tilde{A} \geqslant \tilde{B})$ 具有以下的一些性质：

①有界性：$0 \leqslant \mathrm{IP}(\tilde{A} \geqslant \tilde{B}) \leqslant 1$；

② $\mathrm{IP}(\tilde{A} \geqslant \tilde{B}) = 1$（当且仅当 $\tilde{B}_\lambda^+ \leqslant \tilde{A}_\lambda^-$）；

③ $\mathrm{IP}(\tilde{A} \geqslant \tilde{B}) = 0$（当且仅当 $\tilde{A}_\lambda^+ \leqslant \tilde{B}_\lambda^-$）；

④互补性：$\mathrm{IP}(\tilde{A} \geqslant \tilde{B}) + \mathrm{IP}(\tilde{B} \geqslant \tilde{A}) = 1$。特别地，$\mathrm{IP}(\tilde{A} \geqslant \tilde{A}) = 1/2$。

证明：根据定义 3.7 可知，可能度 $\mathrm{IP}(\tilde{A} \geqslant \tilde{B})$ 的性质（1）、（2）和（3）明显成立，下面只需证明性质（4）。

由公式（3-20）可得，可能度 $\mathrm{IP}(\tilde{B} \geqslant \tilde{A})$ 可以表示为

$$\mathrm{IP}(\tilde{B} \geqslant \tilde{A}) = \frac{\max\{0,\, f_1(\lambda) - \max\{f_3(\lambda),\, 0\}\}}{f_1(\lambda)} \qquad (3\text{-}23)$$

其中：

$$f_1(\lambda) = \int_0^1 \lambda\, (\tilde{A}_\lambda^+ - \tilde{A}_\lambda^- + \tilde{B}_\lambda^+ - \tilde{B}_\lambda^-)\,d\lambda \qquad (3\text{-}24)$$

$$f_3(\lambda) = \int_0^1 \lambda\, (\tilde{A}_\lambda^+ - \tilde{B}_\lambda^-)\,d\lambda \qquad (3\text{-}25)$$

于是可得：

$$p(\tilde{A} \geqslant \tilde{B}) + p(\tilde{B} \geqslant \tilde{A})$$

$$= \frac{\max\{0,\, f_1(\lambda) - \max\{f_2(\lambda),\, 0\}\}}{f_1(\lambda)}$$

$$+ \frac{\max\{0,\, f_1(\lambda) - \max\{f_3(\lambda),\, 0\}\}}{f_1(\lambda)}$$

$$= \frac{f_2(\lambda) + f_3(\lambda)}{f_1(\lambda)} = \frac{f_1(\lambda)}{f_1(\lambda)} = 1$$

因此，可能度 $\mathrm{IP}(\tilde{A} \geqslant \tilde{B})$ 的性质（4）是成立的。

证毕。

定义 3.8（Orlovsky，1978）　假设 $A = (x_{ij})_{n \times n}$ 表示某一矩阵，如果对于矩阵中的元素满足 $x_{ij} + x_{ji} = 1$，则称矩阵 $A = (x_{ij})_{n \times n}$ 为互补判断矩阵。

假设 $\boldsymbol{P} = (p_{ij})_{m \times m}$ 是一个模糊偏好矩阵，如果 p_{ij} 表示两个模糊数间的可能度，则称矩阵 $\boldsymbol{P} = (p_{ij})_{m \times m}$ 为可能度偏好矩阵。由可能度的性质（4）互补性可知，可能度偏好矩阵 $\boldsymbol{P} = (p_{ij})_{m \times m}$ 是一个互补判断矩阵。

对于互补判断矩阵，我们可以根据徐泽水教授提出的基于互补判断矩阵的排序公式（徐泽水，2001），对方案进行排序。

$$v_i = \frac{1}{m(m-1)}\left(\sum_{j=1}^{m} p_{ij} + \frac{m}{2} - 1\right), \quad i \in M \tag{3-26}$$

根据式（3-26）可得最后的排序向量 $v = (v_1, v_2, \cdots v_m)$，然后根据向量的各分量的大小对方案进行排序。

因此，根据以上的讨论，本章所给出的基于 GFNs 的 FMCDM 方法的具体评估步骤如下：

①建立基于 GFNs 的初始化决策评价矩阵 $\tilde{V} = (\tilde{x}_{ij})_{m \times n}$；

②根据规范化方法，对初始矩阵进行规范化，得到基于 GFNs 的标准化决策矩阵 $\tilde{V}' = (\tilde{x}'_{ij})_{m \times n}$；

③针对属性权重部分未知的情况，建立基于离差最大化的线性规划模型，然后根据式（3-15）求出属性权重；

④根据式（3-16）计算加权标准化决策矩阵 $\tilde{Z}_i$；

⑤根据改进的可能度计算式（3-20）、式（3-21）和（3-22）计算可能度偏好矩阵 $P = (p_{ij})_{m \times m}$；

⑥根据互补判断矩阵的排序式（3-26）计算最后的排序向量，然后根据向量的各分量的大小对方案进行排序。

3.5 算例分析

假设某一汽车生产商根据生产需要，现需要采购一批汽车零件，经过专家筛选，需要从四个备选的汽车生产商中选择一个进行采购。为了评估需要，记四个备选生产商分别为 A_1、A_2、A_3 和 A_4。从五个不同的方面对每个备选生产商进行评估，记五个方面分别为：C_1——产品的价格，C_2——生产的环境，C_3——产品的质量，C_4——供应商的服务水平，C_5——供应商的反应时间。其中：C_1 为成本型指标，其他四个为效益型指标。在决策评估的过程中，因为社会环境的复杂性和对评估方案的不确定性，对于评估属性的权重，决策者根据自身的判断经验和知识给出了部分的属性信息。假设对于五个评估属性，专家给出的模糊权重分别为：$0.2 \leqslant \omega_1 \leqslant 0.3$，$0.25 \leqslant \omega_2 \leqslant 0.35$，$0.15 \leqslant \omega_3 \leqslant 0.25$，$0.1 \leqslant \omega_4 \leqslant 0.2$，$0.15 \leqslant \omega_5 \leqslant 0.25$。在决策过程中，对于属性的评估值，决策者往往不愿或不能给出精确值，因此，决策者的评估意见通常只能由模糊数给出。综合汽车生产商各方面的条件分析，一个基于 GFNs 的模糊评估过程给出如下：

步骤 1　根据评估属性建立初始化模糊决策矩阵，如表 3-1 所示。

表 3-1　基于 GFNs 的初始化模糊决策矩阵

指标	A_1	A_2	A_3	A_4
C_1	$(5, 6, 7, 8)_n$	$(8, 9, 10, 10)_n$	$(4, 5, 5, 6)_n$	$(2, 3, 4, 5)_n$
C_2	$(5, 6, 7, 8)_n$	$(4, 5, 5, 6)_n$	$(2, 3, 4, 5)_n$	$(4, 5, 5, 6)_n$
C_3	$(4, 5, 5, 6)_n$	$(5, 6, 7, 8)_n$	$(4, 5, 5, 6)_n$	$(4, 5, 5, 6)_n$
C_4	$(4, 5, 5, 6)_n$	$(2, 3, 4, 5)_n$	$(7, 8, 8, 9)_n$	$(5, 6, 7, 8)_n$
C_5	$(2, 3, 4, 5)_n$	$(5, 6, 7, 8)_n$	$(5, 6, 7, 8)_n$	$(4, 5, 5, 6)_n$

由于五个被评估属性间的量纲不同（C_1 产品的价格为成本型指标，其他为效益型指标），因此需要统一属性量纲。

步骤 2　根据式（3-11）对模糊初始化决策矩阵进行归一化处理，得到标准化模糊决策矩阵，如表 3-2 所示。

表 3-2　基于 GFNs 的标准化模糊决策矩阵

指标	A_1	A_2	A_3	A_4
C_1	$(0.25, 0.43, 0.67, 1.00)_n$	$(0.20, 0.30, 0.44, 0.63)_n$	$(0.33, 0.60, 0.80, 1.00)_n$	$(0.40, 0.75, 1.00, 1.00)_n$
C_2	$(0.63, 0.86, 1.00, 1.00)_n$	$(0.50, 0.71, 0.83, 1.00)_n$	$(0.25, 0.43, 0.67, 1.00)_n$	$(0.50, 0.71, 0.83, 1.00)_n$
C_3	$(0.50, 0.71, 0.83, 1.00)_n$	$(0.63, 0.86, 1.00, 1.00)_n$	$(0.50, 0.71, 0.83, 1.00)_n$	$(0.50, 0.71, 0.83, 1.00)_n$
C_4	$(0.44, 0.63, 0.63, 0.86)_n$	$(0.22, 0.38, 0.50, 0.71)_n$	$(0.78, 1.00, 1.00, 1.00)_n$	$(0.56, 0.75, 0.88, 1.00)_n$
C_5	$(0.25, 0.43, 0.67, 1.00)_n$	$(0.63, 0.86, 1.00, 1.00)_n$	$(0.63, 0.86, 1.00, 1.00)_n$	$(0.50, 0.71, 0.83, 1.00)_n$

步骤 3　通过线性规划（3-15），构造基于最大化离差度的线性规划模型，求解部分信息未知的属性权重如下：

$$P: \max(4.00\omega_1 + 2.66\omega_2 + 1.02\omega_3 + 4.24\omega_4 + 2.96\omega_5)$$

$$\text{s.t.} \begin{cases} 0.2 \leqslant \omega_1 \leqslant 0.3 \\ 0.25 \leqslant \omega_2 \leqslant 0.35 \\ 0.15 \leqslant \omega_3 \leqslant 0.25 \\ 0.1 \leqslant \omega_4 \leqslant 0.2 \\ 0.15 \leqslant \omega_5 \leqslant 0.25 \\ \omega_1 + \omega_2 + \omega_3 + \omega_4 + \omega_5 = 1 \end{cases}$$

求解该线性规划模型可得属性的权重如下:

$$\omega = (\omega_1, \ \omega_2, \ \omega_3, \ \omega_4, \ \omega_5)^T = (0.25, \ 0.25, \ 0.15, \ 0.2, \ 0.15)^T$$

步骤 4 根据式 (3-16) 和式 (3-17) 计算加权标准化决策矩阵 $\tilde{Z}_i$ 可得:

$$\tilde{Z}_1 = (0.42, \ 0.62, \ 0.77, \ 0.97)_n$$

$$\tilde{Z}_2 = (0.41, \ 0.59, \ 0.72, \ 0.85)_n$$

$$\tilde{Z}_3 = (0.47, \ 0.69, \ 0.84, \ 1.00)_n$$

$$\tilde{Z}_4 = (0.48, \ 0.73, \ 0.88, \ 1.00)_n$$

根据 GFN 的 λ 截集的表示公式 (3-6),分别计算 $\tilde{Z}_i$ 的 λ 截集可得:

$$\tilde{Z}_{1\lambda} = \left[0.42 + 0.2\lambda^{\frac{1}{n}}, \ 0.97 - 0.2\lambda^{\frac{1}{n}} \right]$$

$$\tilde{Z}_{2\lambda} = \left[0.41 + 0.18\lambda^{\frac{1}{n}}, \ 0.85 - 0.13\lambda^{\frac{1}{n}} \right]$$

$$\tilde{Z}_{3\lambda} = \left[0.47 + 0.22\lambda^{\frac{1}{n}}, \ 1 - 0.16\lambda^{\frac{1}{n}} \right]$$

$$\tilde{Z}_{4\lambda} = \left[0.48 + 0.25\lambda^{\frac{1}{n}}, \ 1 - 0.12\lambda^{\frac{1}{n}} \right]$$

步骤 5 根据改进的可能度计算公式 (3-20)、(3-21) 和 (3-22) 计算能度偏好矩阵 $\boldsymbol{P} = (p_{ij})_{m \times m}$

首先,根据可能度计算公式 (3-20)、(3-21) 和 (3-22) 计算 $\tilde{Z}_i$ 和 $\tilde{Z}_j$ 间的可能度如下:

$$p(\tilde{Z}_1 \geqslant \tilde{Z}_2) = \frac{0.18n + 0.28}{0.28n + 0.495}, \ p(\tilde{Z}_1 \geqslant \tilde{Z}_3) = \frac{0.08n + 0.25}{0.3n + 0.54}$$

$$p(\tilde{Z}_1 \geqslant \tilde{Z}_4) = \frac{0.04n + 0.245}{0.3n + 0.535}, \ p(\tilde{Z}_2 \geqslant \tilde{Z}_3) = \frac{0.03n + 0.19}{0.28n + 0.485}$$

$$p(\tilde{Z}_2 \geqslant \tilde{Z}_4) = \frac{\max\{0.185 - 0.01n, \ 0\}}{0.28n + 0.48}, \ p(\tilde{Z}_3 \geqslant \tilde{Z}_4) = \frac{0.11n + 0.26}{0.3n + 0.525}$$

对于 $p(\tilde{Z}_2 \geqslant \tilde{Z}_4)$,如果 $0 < n < 18.5$,则有:

$$p(\tilde{Z}_2 \geqslant \tilde{Z}_4) = \frac{0.185 - 0.01n}{0.28n + 0.48}$$

如果 $n \geqslant 18.5$,则有:

$$p(\tilde{Z}_2 \geq \tilde{Z}_4) = 0$$

由于 GFNs 的特殊性，因此我们需要对决策矩阵进行讨论。事实上，对于一个 GFN，随着参数 n 的变化，其隶属函数也变得不同。因此，对于不同的 n 值，将得到不同的互补判断矩阵。于是，根据上述对参数 n 的讨论，可得互补判断矩阵如下：

①当 $0 < n < 18.5$ 时，根据可能度计算公式（3-20）、（3-21）和（3-22）可得互补判断矩阵为

$$A = \begin{bmatrix} 0.5 & \dfrac{0.18n+0.28}{0.28n+0.495} & \dfrac{0.08n+0.25}{0.3n+0.54} & \dfrac{0.04n+0.245}{0.3n+0.535} \\ \dfrac{0.1n+0.215}{0.28n+0.495} & 0.5 & \dfrac{0.03n+0.19}{0.28n+0.485} & \dfrac{0.185-0.01n}{0.28n+0.48} \\ \dfrac{0.22n+0.29}{0.3n+0.54} & \dfrac{0.25n+0.295}{0.28n+0.485} & 0.5 & \dfrac{0.11n+0.26}{0.3n+0.525} \\ \dfrac{0.26n+0.29}{0.3n+0.535} & \dfrac{0.295+0.29n}{0.28n+0.48} & \dfrac{0.19n+0.265}{0.3n+0.525} & 0.5 \end{bmatrix}$$

②当 $n \geq 18.5$ 时，根据可能度计算公式（3-20）、（3-21）和（3-22）可得互补判断矩阵为

$$A = \begin{bmatrix} 0.5 & \dfrac{0.18n+0.28}{0.28n+0.495} & \dfrac{0.08n+0.25}{0.3n+0.54} & \dfrac{0.04n+0.245}{0.3n+0.535} \\ \dfrac{0.1n+0.215}{0.28n+0.495} & 0.5 & \dfrac{0.03n+0.19}{0.28n+0.485} & 0 \\ \dfrac{0.22n+0.29}{0.3n+0.54} & \dfrac{0.25n+0.295}{0.28n+0.485} & 0.5 & \dfrac{0.11n+0.26}{0.3n+0.525} \\ \dfrac{0.26n+0.29}{0.3n+0.535} & 1 & \dfrac{0.19n+0.265}{0.3n+0.525} & 0.5 \end{bmatrix}$$

步骤 6　根据互补判断矩阵的排序公式（3-26）计算排序向量，可得不同 n 值下的排序向量和优先顺序，如表 3-3 所示。

表 3-3　排序向量和优先顺序

n	排序向量 R	优先顺序
0.01	(0.248 7, 0.225 6, 0.261 9, 0.263 9)	$A_4 > A_3 > A_1 > A_2$
0.1	(0.246 9, 0.222 4, 0.263 3, 0.267 4)	$A_4 > A_3 > A_1 > A_2$
0.5	(0.240 8, 0.211 3, 0.268 2, 0.279 7)	$A_4 > A_3 > A_1 > A_2$
1	(0.235 6, 0.202 0, 0.272 3, 0.290 0)	$A_4 > A_3 > A_1 > A_2$
2	(0.229 4, 0.190 9, 0.277 3, 0.302 4)	$A_4 > A_3 > A_1 > A_2$

表3-3(续)

n	排序向量 R	优先顺序
18	(0.215 3, 0.166 4, 0.288 5, 0.329 9)	$A_4 > A_3 > A_1 > A_2$
19	(0.215 1, 0.166 2, 0.288 6, 0.330 1)	$A_4 > A_3 > A_1 > A_2$
100	(0.212 6, 0.164 2, 0.290 6, 0.332 7)	$A_4 > A_3 > A_1 > A_2$

为了更好地说明各个方案的优先关系,我们给出不同 n 值下的评估方案的趋势图,如图3-2和图3-3所示。

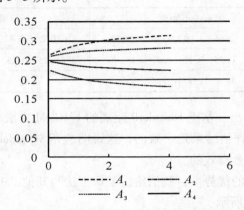

图 3-2　不同 n 值下的评估方案的总体趋势图

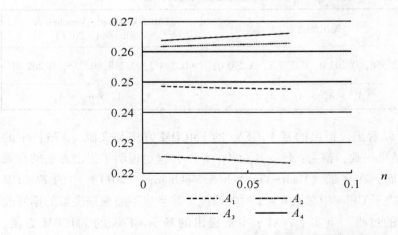

图 3-3　$0 < n < 0.1$ 下的评估方案的趋势图

根据评估结果可以看出,最优的汽车零件生产商是 A_4。同时,从图3-2和图 3-3可以看出,随着 n 值的增加,方案结果间的差距也越来越明显。这也有助于提高决策者在决策时的准确性和合理性。

　　引入 Hausdorff 距离可以简化模糊数间运算以及决策过程中的评估步骤，所以为了说明引入 Hausdorff 距离的有效性以及决策时应用 GFNs 的优越性，下面给出一些对比分析。

　　首先，模糊距离的表示方法有多种，如模糊数直接相减、Manhattan 距离、欧拉距离、Hausdorff 距离等，由于 GFNs 间的 Manhattan 距离和欧拉距离比较复杂，其计算比较费时，所以下面给出基于模糊数直接相减的 FMCDM 方法与基于 Hausdorff 距离的 FMCDM 方法间的评估对比，结果如表 3-4 所示。

表 3-4　基于不同距离的评估结果对比

项目	Hausdorff 距离	模糊数直接相减
总的离差度	(4.00, 2.66, 1.02, 4.24, 2.96)	(10.24, 6.84, 2.7, 13.08, 7.74)
属性权重	$(0.25, 0.25, 0.15, 0.2, 0.15)^T$	$(0.25, 0.25, 0.15, 0.2, 0.15)^T$
排序结果	$A_4 > A_3 > A_1 > A_2$	$A_4 > A_3 > A_1 > A_2$

　　由表 3-4 可以看出，基于 Hausdorff 距离的 FMCDM 方法和基于模糊数直接相减的 FMCDM 方法的评估结果是一致的，这说明应用 Hausdorff 距离作为 GFNs 的距离进行决策评估时是有效的。

　　为了说明该方法的优势性，我们给出了该方法与其他 FMCDM 间的对比分析，其对比结果如表 3-5 所示。

表 3-5　不同 FMCDM 评估结果对比分析

项目	提出的方法	FMCDM (Hadi-Vencheh & Mokhtarian, 2011)
排序向量 ($n = 1$)	(0.2356, 0.2020, 0.2723, 0.2900)	(0.2447, 0.238, 0.255, 0.2623)
排序结果	$A_4 > A_3 > A_1 > A_2$	$A_4 > A_3 > A_1 > A_2$

　　从表 3-5 可以看出，提出的基于 GFNs 的 FMCDM 方法与文献 [173] 中的 FMCDM 的评估结果一致，都为：$A_4 > A_3 > A_1 > A_2$，这也说明了提出方法的有效性和合理性。然而，在文献 (Hadi-Vencheh & Mokhtarian, 2011) 中的 FMCDM 方法中，仅仅解决了 GFNs 中参数 $n = 1$ 时的情况，并且也不能根据决策的偏好改变而去调整评估的过程。事实上，对于本章提出的基于 GFNs 的 FMCDM 方法，通过调整参数 n 的值可以去迎合决策者的不同偏好，有助于提高决策者在决策时给出准确的判断，然后得到合理的评估结果。

　　实际上，在本章提出的方法中，随着参数 n 值的增加，四种备选方案的最终评价值的差异也越来越大。换句话说，使用该模型进行决策评估时，可以通过调节 GFNs 中的参数，来调节评估属性间的关系，从而迎合不同情况下的评估过程，最后得到合理满意的评估结果。当然这也是应用 GFNs 结合 FMCDM 方法的初衷。

同时，本章中的模型也给出了一种基于离差最大化的属性模糊权重确定方法，该方法不仅能满足决策时对属性权重调整的要求，而且可以提高决策过程的鲁棒性和适用性。这也为未来研究动态多准则决策提供了一定理论基础。

3.6 本章小结

经典的多准则决策方法中，决策者的各种偏好信息一般都是确定的、非模糊的，特别是在属性或者专家权重的处理和属性信息评估时，一般都会简化偏好信息的不确定性或模糊性，而用确定或者明晰的数值来表示。事实上，在多准则决策过程中，对于属性或者专家的权重，决策者往往无法确定这些评估指标重要性的精确值，而往往只能用模糊数来表示。经典的多准则决策方法不能合理地解决模糊性存在的问题，因此需要引入模糊多准则决策的研究。

本章提出了一种新的模糊数形式：泛化模糊数（generalized fuzzy number，GFN），并基于 GFNs 给出一种模糊多准则决策模型。该模型不仅能够简化计算的复杂度，而且综合考虑决策者决策时的偏好，使得评估结果能够更加接近评估要求。而且在决策时，根据不同的情况，可以通过调整参数来调整评估的过程，从而更好地迎合决策的偏好。具体的创新点如下：

①针对属性的权重信息部分未知的情况，该模型给出一种基于离差最大化的线性规划方法对属性权重进行求解。这不仅可以拓展决策者对权重的评估范围，而且可以增强决策过程的适应性。

②为了更好地对 GFNs 进行运算，本章引入了表示集合间距离的 Hausdorff 距离，并给出了 GFNs 的 Hausdorff 距离的计算公式。结果显示，Hausdorff 距离的引入不仅可以降低计算的复杂度，而且可以提高评估结果的鲁棒性。

③随着 GFNs 的引入，本章给出了一种改进的可能度计算方法，然后结合互补判断矩阵的排序方法，给出最后的评估结果。结果显示，评估时可以通过调整 GFNs 中参数 n 的值去迎合决策者的不同偏好，从而有助于提高决策者在决策时给出准确的判断，然后得到合理的评估结果。

4 基于组合权重的
多阶段模糊多准则决策

在第 3 章中，我们给出了一种属性权重信息部分未知的模糊多准则决策方法，并且发现属性的权重在决策过程中有着重要的地位。因此，本章以权重为出发点，结合主观权重和客观权重的优缺点，给出一种组合权重的确定方法；在模糊环境下，考虑不同的评估情况，结合时间权重对决策结果的影响，提出了一种基于组合权重的多阶段模糊多准则决策（multi-period fuzzy multiple criteria decision making，MFMCDM）方法。

4.1 引言

在多准则决策（multiple criteria decision making，MCDM）中，权重在整个决策的过程中是至关重要的，是决策者的经验、偏好、意志与知识结构的综合体现，它不仅反映了各个因素在评估过程中所占有地位的重要程度，而且其大小的改变会直接影响最终的评估结果。在 MCDM 中，根据评估的对象可以把权重分为：专家权重、属性权重和时间权重，只有准确给出这些权重，才能正确地进行决策和评估。当前，确定权重的方法大致可以分为两类：主观赋权法和客观赋权法。

所谓的主观赋权法，就是指基于决策者的经验、偏好、意志与知识结构，通过评估对象的重要性程度来对各评估指标属性或评估进行对比分析，然后计算得出权重的方法。例如：直接评分法（Bottomley & Doyle，2001；Roberts & Goodwin，2002）、Delphi 法（Hwang & Yoon，1981；镇常青，1987）、比较矩阵法（王宗军，1993）、层次分析法（AHP）（Saaty，1980；Saaty，1986）以及环比评分法（陆明生，1986）等。综合上述的方法可知，主观赋权法有以下特征：①定权过程主要依据决策者的经验、知识水平、对评价对象的偏好程度；②在评价的过程中精确性较差，主观性较强；③计算过程比较简单，但是给出的权重系数比较粗略。

所谓客观赋权法，就是依赖于严格的数学理论和各评估对象的评价指标值的客观数据，然后根据一定的规律或规则，确定各评估对象权重的一种方法。客观赋权法有别于主观赋权法，它不依赖于专家的主观经验，避免了由于决策者对评价对象评估时的人为干扰。在以往的研究中，客观赋权法主要有：熵权法（Mon et al.，1994；Ye，2010）、多目标规划法（王应明和傅国伟，1993）、数据包络分析法（data envelopment analysis，DEA）（魏权龄，2004；Andersen & Petersen，1993；Tone，2001）、主成分分析法（严鸿和，1989）等。综合上述的方法可知，客观赋权法有以下特征：①有较强的理论基础，定权过程不依赖于专家的主观经验；②评价过程有较好的精确性，能突出被评价对象在评价指标间的差异性；③理论性较强，计算过程较复杂，容易受评价指标值变化的影响。

一般来说，在 FMCDM 中，针对不同的评估对象，如果给出不同的决策方法，那么最后得到的各评价指标的权重是不一样的，甚至差别较大。根据前面的定权方法分析可知，不论是主观赋权还是客观赋权都有一定的优缺点。例如，在决策时运用主观赋权法，虽然能够体现决策者的经验、偏好、知识结构和主观愿望，但是决策者的个人偏好或者知识和经验的缺乏，会导致决策的结果带有很强的主观随意性；如果单纯地应用客观赋权法，虽然可以根据已知的数据利用严格和完善的数学理论知识去计算评估指标的权重，但是在计算过程中往往很容易忽视决策者的主观偏好信息。因此，为了决策的准确性和科学性，决策者通常需要给出定性和定量相结合的评估方法去进行偏好评估和评价属性的相对重要性。因此，一些主、客观赋权集成的方法被提出，如简单线性组合法（郭亚军，2002）、最小偏差组合法（任权和李为民，2003）、最优组合赋权法（Nabavi-kerizi et al.，2010；Wang & Lee，2009）、综合集成法（Zhang & Zhou，2011；Parameshwaran et al.，2015）等。然而，这些方法要么未考虑模糊环境下的属性权重，要么在计算模糊环境下权重时没有充分考虑信息的模糊性。为此，本章引入一个距离测度来表示模糊环境下信息间的距离。由于该距离测度能够较好地反映模糊数的内在信息，因此可用此距离来表示离差度，然后给出基于最大离差度的组合权重赋权法，其中：主观权重根据专家的经验和知识由专家讨论给出，客观权重通过改进的熵权法求得。由于该方法不仅考虑主、客观权重以及引入了一个能够较好地反映模糊数的内在信息的距离测度，因此，决策的结果更加合理和准确。

对于现有的有限个方案的 FMCDM，它们大多都是研究在模糊环境下、在某一特定的时刻，对有限个方案及其属性的模糊综合评估，然后按照某种排序算法对决策问题进行排序。然而，在现实生活中的很多情况下，如买车买房、人员招聘、生态评估以及多阶段投资等，这些决策问题都带有时间因素，而且决策过程往往都是由决策者在不同的时期进行决策和选择的。因此，有必要提出一种多阶段的模糊多准则决策（multi-period fuzzy multiple criteria decision making, MFMC-DM）方法来解决问题。事实上，FMCDM 考虑的是二维空间下的决策问题，解决了评估方案和评估属性间的相互依赖关系，而 MFMCDM 是在评估方案和评估属性间引入了时间因素，从而形成了三维空间下一种决策方法。随着社会的不断进步，基于时间因素的决策也越来越被重视。Chen & Li（2011）给出一种基于三角直觉模糊集的客观定权的 DFMCDM 方法，拓展了三角模糊数的应用范围，但是在属性确定时没有考虑专家的主观偏好；Lin 等（2008）提出了整合灰色数和 Minkowski 距离函数的动态 TOPSIS 方法，该方法虽然能够处理不确定环境下的属性信息，集结多阶段下的评估结果，但是没有给出时间权重的重要性和确定方法，仅仅由专家凭借经验知识给出。Xu（2008）给出了一种多阶段的多准则决策方法，并把该方法应用到模糊评价当中，但是该方法在进行模糊运算时未充分考虑模糊数的模糊性；Xu 和 Yager（2008）给出模糊环境下的基于动态算子的多准则决策方法，并给出时间权重的计算方法。基于上面的研究可以看出，关于动态的模糊决策方法还不是很完善。因此，本章在模糊环境下，基于组合赋权法来确定评估属性的组合权重，该权重集结了主观权重和客观权重的特点，使得权重结果更加合理，然后基于 BUM（basic unit-interval monotonic）函数，给出一种主、客观相结合的时间权重计算方法。同时，本章引入一种新的距离测度，该距离能够充分考虑模糊数的模糊性，使得评估结果更加合理。最后，本章给出一种多阶段模糊 TOPSIS 决策方法。

本章的内容安排如下：在 4.2 部分，给出模糊集的相关定义和运算法则；在 4.3 部分，给出基于离差最大化的组合赋权方法确定属性权重；在 4.4 部分，给出时间权重的计算方法；在 4.5 部分，给出多阶段模糊 TOPSIS 决策方法；在 4.6 部分，通过一个数值算例来说明提出方法的有效性和优越性；4.7 部分为本章研究内容的小结。

4.2　相关定义和法则

本节给出了模糊数的一些定义、性质和运算，为后面的模糊决策提供了理论基础。

为了对模糊集进行运算，首先给出 λ 截集的相关定义，在第 2 章，由定义 2.8 可知，模糊集 $\bar{A} \in F(\bar{A})$，对 $\forall \lambda \in [0, 1]$，$\bar{A}$ 的 λ 截集为：$\bar{A}_\lambda = \{x \mid x \in X, \mu_A \sim (x) \geq \lambda\}$，其中：$\lambda$ 称为置信水平或置信度。

在模糊决策中，三角模糊数是一种常见的模糊数形式，下面给出该模糊数的相关定义和运算法则。

定义4.1 记 $\tilde{A} = (l, m, r)$，$0 \le l \le m \le r$，称 $\tilde{A}$ 为三角模糊数，如果 $\tilde{A}$ 的隶属函数 $\mu_{\tilde{A}}: R \to [0, 1]$ 表示为

$$\mu_{\tilde{A}} = \begin{cases} \dfrac{x - l}{m - l}, & l \le x \le m \\[2mm] \dfrac{x - r}{m - r}, & m \le x \le r \\[2mm] 0, & \text{其他} \end{cases} \tag{4-1}$$

根据三角模糊数的定义，可以得出它的隶属函数的图形，如图4-1所示。

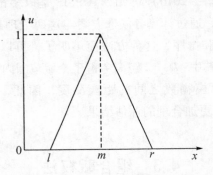

图4-1　三角模糊数

对于任意的两个三角模糊数 $\tilde{A} = (a_1, a_2, a_3)$ 和 $\tilde{B} = (b_1, b_2, b_3)$，以及 $\lambda > 0$，则其相关运算如下：

（1）$\tilde{A} \oplus \tilde{B} = (a_1 + b_1, a_2 + b_2, a_3 + b_3)$；

（2）$\tilde{A} \otimes \tilde{B} = (a_1 b_1, a_2 b_2, a_3 b_3)$；

（3）$\lambda \tilde{A} = (\lambda a_1, \lambda a_2, \lambda a_3)$；

（4）$\dfrac{\tilde{A}}{\tilde{B}} = (\dfrac{a_1}{b_3}, \dfrac{a_2}{b_2}, \dfrac{a_3}{b_1})$。

在应用模糊 TOPSIS 进行决策评估时，决策方案与理想方案以及负理想方案间的距离是必须考虑的，然而不同的距离可能会对最终的评估结果产生影响，因此，选择合适的距离测度是至关重要的。下面介绍几种常用的三角模糊数间的距离测度。

①Euclidean 距离（Chen，2000）

$$d_E(\tilde{A}, \tilde{B}) = \sqrt{\frac{(a_1 - b_1)^2 + (a_2 - b_2)^2 + (a_3 - b_3)^2}{3}} \tag{4-2}$$

②L_2 – metric 距离（Li，2007）

$$d_{L_2}(\tilde{A}, \tilde{B}) = \sqrt{\frac{(a_1 - b_1)^2 + 4(a_2 - b_2)^2 + (a_3 - b_3)^2}{6}} \qquad (4-3)$$

③Hausdorff 距离（林军，2007）

$$d_H(\tilde{A}, \tilde{B}) = \max\{|a_1 - b_1|, |a_2 - b_2|, |a_3 - b_3|\} \qquad (4-4)$$

④ $d_{2, 1/2}$ 距离（Mahdavi，2008）

$$d_{2, 1/2} = \sqrt{\frac{(a_1 - b_1)^2 + 2(a_2 - b_2)^2 + (a_3 - b_3)^2 + (a_1 - b_1)(a_2 - b_2) + (a_2 - b_2)(a_3 - b_3)}{6}}$$

$$(4-5)$$

根据文献（和媛媛等，2010）可知，TOPSIS 是以多准则决策问题中的理想解和负理想解为参考点，通过计算各候选方案与这两个理想方案的相对距离来对各个方案进行优劣评价和排序，这种方法简单明了，可以得到清楚的偏好顺序。这些距离各有优缺点。其中：$D_{2, 1/2}$ 距离考虑了论域范围内隶属度的所有信息，能够比较合理地计算三角模糊数之间的距离测度，因此，将该距离应用到模糊TOPSIS 决策中能够得到更加合理的评估结果。

4.3　组合赋权法

权重的大小直接影响着决策的结果，因此，如何确定权重也成为一个重要研究课题。在本章中，一个基于离差最大化的组合赋权法被提出，其中：主观权重由专家根据经验和自身的知识水平给出，客观权重由改进的熵权法给出。

假设 $X = \{x_1, x_2, \cdots, x_m\}$ 为 m 个备选方案的集合，$C = \{c_1, c_2, \cdots, c_n\}$ 为 n 个评估属性的集合，属性间是相互独立的。又设 $\tilde{x}_{ij}$ 为第 i 个备选方案 x_i 相对于第 j 个评估属性 c_j 的评价值，且 $\tilde{x}_{ij}$ 的评估值由三角模糊数表示。根据备选方案集和评估属性集之间的关系，可以组成如下的初始判断矩阵 $\widetilde{V} = (\tilde{x}_{ij})_{m \times n}$：

$$\widetilde{V} = [\tilde{x}_{ij}]_{m \times n} = \begin{pmatrix} \tilde{x}_{11} & \tilde{x}_{12} & \cdots & \tilde{x}_{1n} \\ \tilde{x}_{21} & \tilde{x}_{22} & \cdots & \tilde{x}_{2n} \\ \vdots & \vdots & \vdots & \vdots \\ \tilde{x}_{i1} & \cdots & \tilde{x}_{ij} & \cdots \\ \vdots & \vdots & \vdots & \vdots \\ \tilde{x}_{m1} & \tilde{x}_{m2} & \cdots & \tilde{x}_{mn} \end{pmatrix} \qquad (4-6)$$

为了统一属性的量纲，应用向量标准化法对初始判断矩阵 $\widetilde{V} = (\tilde{x}_{ij})_{m \times n}$ 中属性值进行如下规范化处理：

$$\tilde{x}'_{ij} = \begin{cases} \tilde{x}_{ij} / \sum_{i=1}^{m} \tilde{x}_{ij}, & \forall i \in M, j \in I_1, \\ (1/\tilde{x}_{ij}) / \sum_{i=1}^{m} (1/\tilde{x}_{ij}), & \forall i \in M, j \in I_2. \end{cases} \tag{4-7}$$

其中：I_1 是效益型模糊指标，I_2 是成本型模糊指标，$M = \{1, 2, \cdots, m\}$。

于是得到如下标准化的模糊决策矩阵 $\tilde{V}' = (\tilde{x}'_{ij})_{m \times n}$：

$$\tilde{V}' = [\tilde{x}'_{ij}]_{m \times n} = \begin{pmatrix} \tilde{x}'_{11} & \tilde{x}'_{12} & \cdots & \tilde{x}'_{1n} \\ \tilde{x}'_{21} & \tilde{x}'_{22} & \cdots & \tilde{x}'_{2n} \\ \vdots & \vdots & \vdots & \vdots \\ \tilde{x}'_{i1} & \cdots & \tilde{x}'_{ij} & \cdots \\ \vdots & \vdots & \vdots & \vdots \\ \tilde{x}'_{m1} & \tilde{x}'_{m2} & \cdots & \tilde{x}'_{mn} \end{pmatrix} \tag{4-8}$$

其中：$\tilde{x}'_{ij}$ 的标准化评估值由三角模糊数表示。

假设 $\mu = (\mu_1, \mu_2, \cdots, \mu_n)^T$ 是由专家根据经验和自身的知识水平给出的主观权重，$\omega = (\omega_1, \omega_2 \cdots \omega_n)^T$ 是客观权重，由于客观权重依靠属性数据本身，因此我们需要根据评估数据，用一定的方法确定客观权重。在本章中，我们给出一种改进的熵权法来计算客观权重。

"熵"（entropy）是由学者 Shannon 于 1947 年提出的，是一个物理学概念，用来表述热力学第二定律（Shannon & Weaver, 1947）。随着时间的推移，"熵"所具有的内涵越来越丰富，并且应用在物理学、化学、生物学、信息科学与工程等许多领域。在信息论中，信息熵值反映了信息的无序化水平，可以测量所包含信息量的多少。在多准则决策中，属性指标带有的信息越多，表明该属性指标对决策的作用越大，此时的信息熵值也就越小，即系统的无序化程度越小。因此，根据各个目标值的差异程度，我们可以利用信息熵评价各指标的权重大小。基本的信息熵评价过程如下：

$$E_j = -k \sum_{i=1}^{m} p_{ij} \ln p_{ij}, \quad i = 1, 2, \cdots, m; j = 1, 2, \cdots, n \tag{4-9}$$

其中：k 是一个常数，通常情况下可以令 $k = \dfrac{1}{\ln m}$，并且假设当 $p_{ij} = 0$ 时，有 $p_{ij} \ln p_{ij} = 0$。

信息的不确定性可以基于信息熵并利用概率理论来衡量。同时，数据越分散，信息的不确定性程度也越大，因此可以引入离差 $D(\tilde{x}'_{ij}, \tilde{x}'_{kj})$ 对熵值的运算进行改进，于是可以得到改进的熵权法，从而来确定客观权重。

假设归一化后的模糊决策矩阵为 $\tilde{V}' = [\tilde{x}'_{ij}]_{m \times n}$，同时假设 $D(\tilde{x}'_{ij}, \tilde{x}'_{kj})$ 为评估指标 $\tilde{x}'_{ij}$ 和 $\tilde{x}'_{kj}$ 间的离差度，其中：离差度 $D(\tilde{x}'_{ij}, \tilde{x}'_{kj})$ 由三角模糊数间的 $d_{2, 1/2}$ 给

出。因此，对于属性 $\tilde{x}'_j$，方案 x_i 与其他方案之间的离差度可以表示为

$$D_{ij} = \sum_{k=1}^{m} D(\tilde{x}'_{ij}, \ \tilde{x}'_{kj}) , \ i \in M , \ j \in N \tag{4-10}$$

方案间总的离差度可以表示为

$$D_j = \sum_{i=1}^{m} D_{ij} = \sum_{i=1}^{m} \sum_{k=1}^{m} D(\tilde{x}'_{ij}, \ \tilde{x}'_{kj}) , \ i \in M \tag{4-11}$$

因此，根据离差度可以给出改进的熵权法计算过程如下：

①根据离差度计算熵值

$$E_j = - k \sum_{i=1}^{m} \frac{D_{ij}}{D_j} \ln \frac{D_{ij}}{D_j} , \ i = 1, \ 2, \ \cdots, \ m ; j = 1, \ 2, \ \cdots, \ n \tag{4-12}$$

②计算关于属性 $\tilde{x}'_{ij}$ 的差异度 d_j

$$d_j = 1 - E_j , \ j = 1, \ 2, \ \cdots, \ n \tag{4-13}$$

③计算客观权重 ω_j

$$\omega_j = \frac{d_j}{\sum\limits_{j=1}^{n} d_j} , \ j = 1, \ 2, \ \cdots, \ n \tag{4-14}$$

当主观权重和客观权重确定后，为了得到合理的评估结果，我们需要综合考虑主观权重和客观权重的优缺点，然后给出一种组合权重。因此，一个基于最优化理论的组合赋权被提出。

假设 $\mu = (\mu_1, \ \mu_2, \ \cdots, \ \mu_n)^T$ 为主观权重，$\omega = (\omega_1, \ \omega_2 \cdots \omega_n)^T$ 是客观权重，同时假设组合权重为 $W = (W_1, \ W_2, \ \cdots, \ W_n)^T$，并且有 $W = \alpha\mu + \beta\omega$，其中：$\alpha$ 和 β 是组合权重向量的线性表示系数，$\alpha \geqslant 0$ 和 $\beta \geqslant 0$，且 α 和 β 满足单位化约束条件（孙莹和鲍新中，2011）：

$$\alpha^2 + \beta^2 = 1 \tag{4-15}$$

由于主观权重向量 $\mu = (\mu_1, \ \mu_2 \cdots \mu_n)^T$ 可以由专家根据经验和自身的知识水平确定，客观权重向量 $\omega = (\omega_1, \ \omega_2 \cdots \omega_n)^T$ 可以由上述改进熵权法计算，因此要得到组合权重向量 $W = (W_1, \ W_2, \ \cdots, \ W_n)^T$，只需确定 α 和 β 的值。基于此，本章给出了一种基于偏差最大化的数学规划方法来确定权重系数 α 和 β，从而计算组合权重。这种方法的基本思想是：假如在某个属性 $\tilde{x}_j$ 下，所有决策方案的属性值差异越大，那么这就表明该属性对整个方案评价结果的影响越大，因而应赋予这个属性较大的权重；反之，如果所有决策方案的属性值差异越小，那么应赋予这个属性较小的权重。因此选择组合赋权系数向量 W 的一个基本原则就是使所有 n 个属性对所有 m 个决策方案的总的偏差达到最大。具体计算过程如下：

记规范化后的模糊决策矩阵为 $\tilde{V}' = [\tilde{x}'_{ij}]_{m \times n}$，对于属性 $\tilde{x}'_j$，第 i 个决策方案与其他所有决策方案的偏差可以表示为

$$D_{ij} = \sum_{k=1}^{m} D(\tilde{x}'_{ij}, \tilde{x}'_{kj}) , i = 1, 2, \cdots, m ; j = 1, 2, \cdots, n \qquad (4-16)$$

对于属性 $\tilde{x}'_j$，方案间总的偏差可以表示为

$$D_j = \sum_{i=1}^{m} D_{ij} = \sum_{i=1}^{m} \sum_{k=1}^{m} D(\tilde{x}'_{ij}, \tilde{x}'_{kj}) , i = 1, 2, \cdots, m \qquad (4-17)$$

由于选择组合权重向量 W 就是满足对所有属性，最大化对所有决策方案的总偏差，因此可以构造下面的偏差最大化模型。

$$\max D(W) = \max \sum_{j=1}^{n} D_j W_j = \max \sum_{j=1}^{n} \sum_{i=1}^{m} \sum_{k=1}^{m} D(\tilde{x}'_{ij}, \tilde{x}'_{kj}) W_j \qquad (4-18)$$

$$= \max \sum_{j=1}^{n} \sum_{i=1}^{m} \sum_{k=1}^{m} D(\tilde{x}'_{ij}, \tilde{x}'_{kj})(\alpha \mu_j + \beta \omega_j)$$

$$\text{s.t.} \ \alpha^2 + \beta^2 = 1 , \alpha \geq 0 , \beta \geq 0$$

其中：$D(\tilde{x}'_{ij}, \tilde{x}'_{ik})$ 表示模糊决策矩阵 $\widetilde{V}'$ 中两个元素 $\tilde{x}'_{ij}$ 和 $\tilde{x}'_{ik}$ 的偏差度，$D(\tilde{x}'_{ij}, \tilde{x}'_{ik})$ 由三角模糊数间的 $d_{2, 1/2}$ 距离给出。

为了求解上述模型中的 α 和 β，可以构造如下 Lagrange 函数：

$$L(\alpha, \beta, \lambda) = \sum_{j=1}^{n} \sum_{i=1}^{m} \sum_{k=1}^{m} D(\tilde{x}'_{ij}, \tilde{x}'_{kj})(\alpha \mu_j + \beta \omega_j) + \frac{1}{2} \lambda (\alpha^2 + \beta^2 - 1)$$

$$(4-19)$$

其中：λ 为 Lagrange 乘子。

如果令：$\dfrac{\partial L(\alpha, \beta, \lambda)}{\partial \alpha} = 0, \dfrac{\partial L(\alpha, \beta, \lambda)}{\partial \lambda} = 0, \dfrac{\partial L(\alpha, \beta, \lambda)}{\partial \beta} = 0$，则有：

$$\begin{cases} \displaystyle\sum_{j=1}^{n} \sum_{i=1}^{m} \sum_{k=1}^{m} D(\tilde{x}'_{ij}, \tilde{x}'_{kj}) \mu_j + \lambda \alpha = 0 \\[2mm] \alpha^2 + \beta^2 - 1 = 0 \\[2mm] \displaystyle\sum_{j=1}^{n} \sum_{i=1}^{m} \sum_{k=1}^{m} D(\tilde{x}'_{ij}, \tilde{x}'_{kj}) \omega_j + \lambda \beta = 0 \end{cases} \qquad (4-20)$$

由于 $\alpha \geq 0, \beta \geq 0$，于是，解方程组（4-20）可得：

$$\begin{cases} \alpha = \dfrac{D_1}{\sqrt{D_1{}^2 + D_2{}^2}} \\[4mm] \lambda = -\sqrt{D_1{}^2 + D_2{}^2} \\[4mm] \beta = \dfrac{D_2}{\sqrt{D_1{}^2 + D_2{}^2}} \end{cases} \qquad (4-21)$$

其中：

$$D_1 = \sum_{j=1}^{n} \sum_{i=1}^{m} \sum_{k=1}^{m} D(\tilde{x}'_{ij}, \tilde{x}'_{kj}) \mu_j \qquad (4-22)$$

$$D_2 = \sum_{j=1}^{n} \sum_{i=1}^{m} \sum_{k=1}^{m} D(\tilde{x}'_{ij}, \tilde{x}'_{kj}) \omega_j \qquad (4-23)$$

因此组合权重可以表示为

$$W_j = \frac{D_1}{\sqrt{D_1^2 + D_2^2}} \mu_j + \frac{D_2}{\sqrt{D_1^2 + D_2^2}} \omega_j \qquad (4-24)$$

规范化权重向量可得：

$$W_j^* = \frac{W_j}{\sum_{j=1}^{n} W_j} \qquad (4-25)$$

4.4　确定时间权重

在日常生活中，决策时常需要综合考虑各方面的因素，每个因素的权重也决定了最后选择的合理性和准确性。在上一节，我们给出了模糊环境下属性组合权重的确定方法，由于在决策时，我们不仅要考虑属性自身的权重还要考虑属性在多时期的表现，因此时间因素对整个决策过程也起到一定的影响。为了确定时间的权重，在本节中我们引入 BUM（basic unit-interval monotonic）函数（Yager，2004），然后给出一种主客观思想相结合的时间权重确定方法（Xu，2009）。

定义 4.2（Yager，2004）　假设函数 Q：$[0, 1] \rightarrow [0, 1]$ 是一个 BUM 函数，如果满足以下三点：

（1）$Q(0) = 0$；

（2）$Q(1) = 1$；

（3）如果 $x > y$，则有：$Q(x) \geqslant Q(y)$。

由定义 4.2 可以看出，BUM 函数是一个单位区间上的增函数，权重向量可以作为该函数在决策过程下的一种表现形式。基于此，时间权重向量 $\lambda(t_k)$ 可以被表示如下：

$$\lambda(t_k) = Q\left(\frac{k}{p}\right) - Q\left(\frac{k-1}{p}\right), \ k = 1, 2, \cdots, p \qquad (4-26)$$

为了计算时间权重向量 $\lambda(t_k)$，需要确定 BUM 函数 $Q(x)$，根据 Xu（2009）的研究，可令：

$$Q(x) = \frac{e^{\alpha x} - 1}{e^{\alpha} - 1}, \ \alpha > 0 \qquad (4-27)$$

根据公式（4-26），于是可得时间权重向量 $\lambda(t_k)$：

$$\lambda(t_k) = \frac{e^{\frac{\alpha k}{p}}(1 - e^{-\frac{\alpha}{p}})}{e^{\alpha} - 1}, \ k = 1, \ 2, \ \cdots, \ p \tag{4-28}$$

其中：α 是一个参数，$\alpha > 0$，且可以根据决策者的偏好进行选择和确定。

这种确定时间权重的方法，结合了决策者的主观偏好，并且有较严格的数学理论，因此，该方法不仅能显示时间权重在不同阶段的重要程度，而且也可以反映时期的重要度的变化。

在实际的决策过程中，一般地，参数 α 取 $0 < \alpha \leqslant 1$，根据 Xu（2009）的研究，在不同时期、不同参数下的时间权重如表 4-1、表 4-2、表 4-3 和表 4-4 所示。

表 4-1 时间权重向量 $\lambda(t_k)$（$p = 2$）

$p = 2$	$\alpha = 0.1$	$\alpha = 0.3$	$\alpha = 0.5$	$\alpha = 0.7$	$\alpha = 0.9$
$\lambda(t_1)$	0.487 5	0.462 6	0.437 8	0.413 4	0.389 4
$\lambda(t_2)$	0.512 5	0.537 4	0.562 2	0.586 6	0.610 6

表 4-2 时间权重向量 $\lambda(t_k)$（$p = 3$）

$p = 3$	$\alpha = 0.1$	$\alpha = 0.3$	$\alpha = 0.5$	$\alpha = 0.7$	$\alpha = 0.9$
$\lambda(t_1)$	0.322 3	0.300 6	0.279 6	0.259 2	0.239 7
$\lambda(t_2)$	0.333 2	0.332 2	0.330 3	0.327 4	0.323 6
$\lambda(t_3)$	0.344 5	0.367 2	0.390 2	0.413 4	0.436 8

表 4-3 时间权重向量 $\lambda(t_k)$（$p = 4$）

$p = 4$	$\alpha = 0.1$	$\alpha = 0.3$	$\alpha = 0.5$	$\alpha = 0.7$	$\alpha = 0.9$
$\lambda(t_1)$	0.240 7	0.222 6	0.205 2	0.188 7	0.172 9
$\lambda(t_2)$	0.246 8	0.240 0	0.232 6	0.224 7	0.216 5
$\lambda(t_3)$	0.253 0	0.258 6	0.263 5	0.267 7	0.271 1
$\lambda(t_4)$	0.259 5	0.278 8	0.298 6	0.318 9	0.339 5

表 4-4 时间权重向量 $\lambda(t_k)$（$p = 5$）

$p = 4$	$\alpha = 0.1$	$\alpha = 0.3$	$\alpha = 0.5$	$\alpha = 0.7$	$\alpha = 0.9$
$\lambda(t_1)$	0.192 1	0.176 7	0.162 1	0.148 2	0.135 1
$\lambda(t_2)$	0.196 0	0.187 7	0.179 2	0.170 5	0.161 8

表4-4(续)

$p = 4$	$\alpha = 0.1$	$\alpha = 0.3$	$\alpha = 0.5$	$\alpha = 0.7$	$\alpha = 0.9$
$\lambda(t_3)$	0.199 9	0.199 3	0.198 0	0.196 1	0.193 7
$\lambda(t_4)$	0.204 0	0.211 6	0.218 8	0.225 6	0.231 9
$\lambda(t_5)$	0.208 1	0.224 7	0.241 9	0.259 5	0.277 6

因此，根据上述分析，针对决策过程中的不同情况，人们可以选择不同的参数值，来迎合决策者的偏好，使得决策结果更加合理。

4.5　多阶段模糊多准则决策

在日常生活中进行决策时，我们常常会遇到以下问题：①评估对象不能由精确数字给出；②评估的属性分布在多个阶段。因此，为了解决该类问题，本章给出了一种基于组合权重的多阶段模糊多准则决策（MFMCDM）方法。在该方法中，首先，需要确定评估属性的权重信息；其次，需要计算各阶段时间的权重信息；最后，基于TOPSIS思想，给出MFMCDM评估过程。在应用模糊TOPSIS进行决策评估时，决策方案与理想方案、负理想方案之间的距离是必须考虑的，根据文献（和媛媛等，2000）可知，$D_{2, 1/2}$距离考虑了论域范围内隶属度的所有信息，能够比较合理地计算三角模糊数之间的距离测度，因此，可以应用该距离到模糊TOPSIS决策中，从而得到更加合理的评估结果。

根据上述分析，具体的MFMCDM评估过程如下：

①根据备选方案集和评估属性集之间的关系，可以建立初始化模糊决策矩阵 $\widetilde{V} = (\tilde{x}_{ij})_{m \times n}$ 如下：

$$\widetilde{V} = [\tilde{x}_{ij}]_{m \times n} = \begin{pmatrix} \tilde{x}_{11} & \tilde{x}_{12} & \cdots & \tilde{x}_{1n} \\ \tilde{x}_{21} & \tilde{x}_{22} & \cdots & \tilde{x}_{2n} \\ \vdots & \vdots & \vdots & \vdots \\ \tilde{x}_{i1} & \cdots & \tilde{x}_{ij} & \cdots \\ \vdots & \vdots & \vdots & \vdots \\ \tilde{x}_{m1} & \tilde{x}_{m2} & \cdots & \tilde{x}_{mn} \end{pmatrix} \quad (4-29)$$

②根据矩阵规范化公式（4-7）对初始化模糊决策矩阵进行量纲处理，得到标准化模糊决策矩阵 $\widetilde{V}' = (\tilde{x}'_{ij})_{m \times n}$。

$$\tilde{V}' = \left[\tilde{x}'_{ij}\right]_{m\times n} = \begin{pmatrix} \tilde{x}'_{11} & \tilde{x}'_{12} & \cdots & \tilde{x}'_{1n} \\ \tilde{x}'_{21} & \tilde{x}'_{22} & \cdots & \tilde{x}'_{2n} \\ \vdots & \vdots & \vdots & \vdots \\ \tilde{x}'_{i1} & \cdots & \tilde{x}'_{ij} & \cdots \\ \vdots & \vdots & \vdots & \vdots \\ \tilde{x}'_{m1} & \tilde{x}'_{m2} & \cdots & \tilde{x}'_{mn} \end{pmatrix} \qquad (4-30)$$

其中：$\tilde{x}'_{ij} = (\tilde{x}^l_{ij}, \tilde{x}^m_{ij}, \tilde{x}^r_{ij})$ 由三角模糊数表示。

③根据改进的熵权法计算客观权重可得：

$$\omega = (\omega_1, \omega_2 \cdots \omega_n)^T \qquad (4-31)$$

④根据组合赋权法计算组合权重 $W = (W_1, W_2, \cdots, W_n)^T$，可得：

$$W_j = \frac{D_1}{\sqrt{D_1{}^2 + D_2{}^2}}\mu_j + \frac{D_2}{\sqrt{D_1{}^2 + D_2{}^2}}\omega_j \qquad (4-32)$$

其中：$\mu = (\mu_1, \mu_2, \cdots, \mu_n)^T$ 是由专家根据经验和自身的知识水平给出的主观权重，$\omega = (\omega_1, \omega_2 \cdots \omega_n)^T$ 是由改进熵权法得到的客观权重，且 D_1 和 D_2 分别由公式（4-22）和公式（4-23）给出。

⑤基于 BUM 函数，计算时间权重向量 $\lambda(t_k)$，可得：

$$\lambda(t_k) = \frac{e^{\frac{\alpha k}{p}}\left(1 - e^{-\frac{\alpha}{p}}\right)}{e^\alpha - 1}, \quad k = 1, 2, \cdots, p \qquad (4-33)$$

其中：α 是一个参数，$\alpha > 0$，且可以根据决策者的偏好进行选择和确定。

⑥构造多阶段模糊加权标准化决策矩阵 $\tilde{Z}' = \left[\tilde{f}'_{ij}\right]_{m\times n}$，其中：

$$\tilde{f}'_{ij} = \sum_{k=1}^p W_{jk} \cdot \tilde{x}'_{ijk} \cdot \lambda(t_k) \qquad (4-34)$$

⑦根据多阶段模糊加权标准化决策矩阵 $\tilde{Z}'$，获取评估目标的模糊理想解 $\tilde{f}^+$ 和模糊负理想解 $\tilde{f}^-$，其中：

$$\tilde{f}^+_j = (\tilde{f}^{+l}_j, \tilde{f}^{+m}_j, \tilde{f}^{+r}_j) = (\max_i \tilde{f}^l_{ij}, \max_i \tilde{f}^m_{ij}, \max_i \tilde{f}^r_{ij}) \qquad (4-35)$$

$$\tilde{f}^-_j = (\tilde{f}^{-l}_j, \tilde{f}^{-m}_j, \tilde{f}^{-r}_j) = (\min_i \tilde{f}^l_{ij}, \min_i \tilde{f}^m_{ij}, \min_i \tilde{f}^r_{ij}) \qquad (4-36)$$

⑧分别计算每个方案与模糊理想方案的距离 $\tilde{S}^+_i$，以及和模糊负理想方案的距离 $\tilde{S}^-_i$，其中：

$$\tilde{S}^+_i = \sum_{j=1}^n D_{2, \frac{1}{2}}(\tilde{f}_{ij}, \tilde{f}^+_j), \quad i = 1, 2, \cdots, m \qquad (4-37)$$

$$\tilde{S}^-_i = \sum_{j=1}^n D_{2, \frac{1}{2}}(\tilde{f}_{ij}, \tilde{f}^-_j), \quad i = 1, 2, \cdots, m \qquad (4-38)$$

⑨计算相对贴近度 $\tilde{C}_i$，其中：

$$\bar{C}_i = \frac{\tilde{S}_i^-}{\tilde{S}_i^+ + \tilde{S}_i^-} \, , \, i = 1, \, 2, \, \cdots, \, m \qquad (4\text{-}39)$$

⑩根据贴近度 $\bar{C}_i$ 的大小，对各评估方案进行排序。

根据相对贴近度的大小对各决策方案进行排序。贴近度越大，则方案越优；贴近度越小，则方案越劣。

根据以上分析，为了更清晰地说明提出方法的评估过程，本节给出模糊决策流程图，如图 4-2 所示。

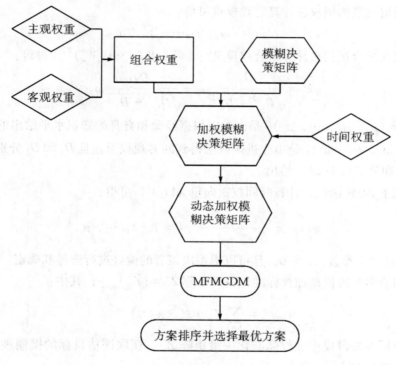

图 4-2 MFMCDM 过程

4.6 算例分析

本节给出一个改进的算例（Xu, 2009）来说明提出方法的有效性。

假设有一个投资银行需要对一些企业进行投资，经过筛选，有四个企业作为备选方案，分别为：x_1、x_2、x_3 和 x_4。之后，从三个不同的方面对每个备选企业进行评估，记三个方面分别为：c_1——企业的社会效益，c_2——企业的经济效益，c_3——环境污染情况。为了更好地考察这四个企业，需要评估多时期下该企业的表现。为此，决策者打算通过在三个时期（t_1、t_2 和 t_3）下的评估来对企业进行选择。在决策过程中，对于属性的评估值，决策者往往不愿或不能给出精确值，因此，决策者的评估意见通常只能由模糊数给出。在本章中，我们假设属性的综合评估值由三角模糊数给出。

通过在三个阶段对企业的考察，决策者根据自身的知识和经验首先给出了对每个评估属性在不同时期下的主观权重向量，分别为：第一阶段属性权重向量记为 $\mu(t_1) = (0.45，0.35，0.20)^T$；第二阶段的属性权重向量记为 $\mu(t_2) = (0.45，0.30，0.25)^T$；第三阶段的属性权重向量记为 $\mu(t_3) = (0.40，0.30，0.30)^T$。为了得到合理的决策结果，本节通过对被评估企业的评估对象和评估属性各方面的条件综合分析，然后应用本章提出的 MFMCDM 方法，得到基于三角模糊数的模糊评估过程。

步骤1　根据对不同方案中各属性的评估，构造不同时期的模糊初始化决策矩阵 $x(t_k)$，如表4-5、表4-6 和表4-7 所示。

表4-5　模糊初始化决策矩阵 $x(t_1)$

变量	x_1	x_2	x_3	x_4
c_1	(0.6, 0.7, 0.8)	(0.7, 0.8, 0.9)	(0.6, 0.7, 0.8)	(0.5, 0.6, 0.7)
c_2	(0.6, 0.7, 0.8)	(0.5, 0.6, 0.7)	(0.7, 0.8, 0.9)	(0.6, 0.7, 0.8)
c_3	(0.3, 0.4, 0.5)	(0.2, 0.3, 0.4)	(0.4, 0.5, 0.6)	(0.3, 0.4, 0.5)

表4-6　模糊初始化决策矩阵 $x(t_2)$

变量	x_1	x_2	x_3	x_4
c_1	(0.6, 0.7, 0.8)	(0.7, 0.8, 0.9)	(0.7, 0.8, 0.9)	(0.5, 0.6, 0.7)
c_2	(0.7, 0.8, 0.9)	(0.6, 0.7, 0.8)	(0.6, 0.7, 0.8)	(0.5, 0.6, 0.7)
c_3	(0.2, 0.3, 0.4)	(0.4, 0.5, 0.6)	(0.3, 0.4, 0.5)	(0.2, 0.3, 0.4)

表4-7　模糊初始化决策矩阵 $x(t_3)$

变量	x_1	x_2	x_3	x_4
c_1	(0.5, 0.6, 0.7)	(0.7, 0.8, 0.9)	(0.6, 0.7, 0.8)	(0.5, 0.6, 0.7)
c_2	(0.7, 0.8, 0.9)	(0.6, 0.7, 0.8)	(0.7, 0.8, 0.9)	(0.5, 0.6, 0.7)
c_3	(0.4, 0.5, 0.6)	(0.3, 0.4, 0.5)	(0.2, 0.3, 0.4)	(0.2, 0.3, 0.4)

步骤2　根据矩阵规范化公式（4-7）对不同时期下的模糊初始化决策矩阵 $x(t_k)$ 进行统一量纲处理，可以得到不同时期下的标准化模糊决策矩阵 $\bar{x}(t_k)$，如表4-8、表4-9和表4-10所示。

表4-8　模糊标准化决策矩阵 $\bar{x}(t_1)$

变量	x_1	x_2	x_3	x_4
c_1	(0.187, 0.250, 0.333)	(0.219, 0.286, 0.375)	(0.187, 0.250, 0.333)	(0.156, 0.214, 0.292)
c_2	(0.187, 0.250, 0.333)	(0.156, 0.214, 0.292)	(0.219, 0.286, 0.375)	(0.187, 0.250, 0.333)
c_3	(0.141, 0.242, 0.408)	(0.176, 0.323, 0.612)	(0.118, 0.194, 0.306)	(0.141, 0.242, 0.408)

表4-9　模糊标准化决策矩阵 $\bar{x}(t_2)$

变量	x_1	x_2	x_3	x_4
c_1	(0.182, 0.241, 0.320)	(0.212, 0.276, 0.360)	(0.212, 0.276, 0.360)	(0.152, 0.207, 0.280)
c_2	(0.219, 0.286, 0.375)	(0.187, 0.250, 0.333)	(0.187, 0.250, 0.333)	(0.156, 0.214, 0.292)
c_3	(0.158, 0.299, 0.577)	(0.105, 0.179, 0.288)	(0.126, 0.224, 0.385)	(0.158, 0.299, 0.577)

表4-10　模糊标准化决策矩阵 $\bar{x}(t_3)$

变量	x_1	x_2	x_3	x_4
c_1	(0.161, 0.222, 0.304)	(0.226, 0.296, 0.391)	(0.194, 0.259, 0.348)	(0.161, 0.222, 0.304)
c_2	(0.212, 0.276, 0.360)	(0.182, 0.241, 0.320)	(0.212, 0.276, 0.360)	(0.152, 0.207, 0.280)
c_3	(0.105, 0.179, 0.288)	(0.126, 0.224, 0.385)	(0.158, 0.299, 0.577)	(0.158, 0.299, 0.577)

步骤3　基于不同时期下的模糊标准化决策矩阵，根据改进的熵权法计算不同评估时期的客观权重 $\omega(t_k)=(\omega_1(t_k),\omega_2(t_k)\cdots\omega_n(t_k))^T$，可得：

$$\omega(t_1)=(0.319,0.319,0.362)^T$$
$$\omega(t_2)=(0.285,0.581,0.134)^T$$
$$\omega(t_3)=(0.252,0.509,0.239)^T$$

不同评估时期的主观权重 $\mu(t_k)=(\mu_1(t_k),\mu_2(t_k)\cdots\mu_n(t_k))^T$ 由决策者根据自身的知识和经验给出。

$$\mu(t_1)=(0.45,0.35,0.20)^T$$
$$\mu(t_2)=(0.45,0.30,0.25)^T$$
$$\mu(t_3)=(0.40,0.30,0.30)^T$$

步骤4　结合不同评估时期的主观权重和客观权重，根据组合权重赋权法可以得到不同评估时期的组合权重 $W(t_k)=(W_1(t_k),W_2(t_k),\cdots,W_n(t_k))^T$。

$$W(t_1)=(0.379,0.333,0.288)^T$$
$$W(t_2)=(0.374,0.429,0.197)^T$$

$$W(t_3) = (0.329, 0.401, 0.270)^T$$

步骤 5 根据专家的偏好，在计算时间权重时，假设参数 $\alpha = 0.5$，根据时间权重确定公式（4-33），可得时间权重如下：

$$\lambda(t_1) = 0.28, \lambda(t_2) = 0.33, \lambda(t_3) = 0.39$$

步骤 6 根据公式（4-34），构造多阶段模糊加权标准化决策矩阵 $\tilde{Z}' = [\tilde{f}'_{ij}]_{m \times n}$，如表 4-11 所示。

表 4-11   多阶段模糊加权标准化决策矩阵

变量	x_1	x_2	x_3	x_4
c_1	(0.063, 0.085, 0.114)	(0.078, 0.102, 0.134)	(0.071, 0.094, 0.129)	(0.056, 0.077, 0.105)
c_2	(0.082, 0.107, 0.140)	(0.069, 0.093, 0.124)	(0.080, 0.105, 0.138)	(0.063, 0.086, 0.116)
c_3	(0.033, 0.058, 0.101)	(0.034, 0.061, 0.109)	(0.034, 0.062, 0.110)	(0.038, 0.070, 0.131)

步骤 7 根据多阶段模糊加权标准化决策矩阵 $\tilde{Z}'$ 以及公式（4-35）和公式（4-36），分别选择评估目标的模糊理想方案 $\tilde{f}^+$ 和模糊负理想方案 $\tilde{f}^-$，可得：

$$\tilde{f}^+ = [(0.078, 0.102, 0.134), (0.082, 0.107, 0.140), (0.038, 0.070, 0.131)]^T$$
$$\tilde{f}^- = [(0.056, 0.077, 0.105), (0.063, 0.086, 0.116), (0.033, 0.058, 0.101)]^T$$

步骤 8 根据公式（4-37）和公式（4-38），分别计算每个方案与模糊理想方案的距离 $\tilde{S}_i^+$，以及和模糊负理想方案的距离 $\tilde{S}_i^-$，可得：

$$\tilde{S}_i^+ = (0.034\,9, 0.026\,5, 0.021\,0, 0.047\,2)$$
$$\tilde{S}_i^- = (0.029\,3, 0.037\,6, 0.043\,4, 0.017\,0)$$

步骤 9 根据公式（4-39），计算相对贴近度 $\tilde{C}_i$，可得：

$$\tilde{C}_i = (0.456\,7, 0.586\,6, 0.674\,3, 0.264\,7)$$

步骤 10 根据贴近度 $\tilde{C}_i$ 的大小，对各评估方案进行排序，可得：

$$x_3 > x_2 > x_1 > x_4$$

因此，对于该投资银行来说，最好的投资企业为 x_3。

为了更好地说明本文提出方法，我们给出 MFMCDM 方法与 Xu（2009）的方法以及与每个时期下的评估结果的对比分析，如表 4-12 和表 4-13 所示。

表 4-12   不同方法的评估结果对比

方法名称	排序结果
MFMCDM 方法	$x_3 > x_2 > x_1 > x_4$
Xu 的方法	$x_3 > x_2 > x_4 > x_1$

表 4-13   不同时期下的评估结果对比

方法名称	贴进度	排序结果
MFMCDM 方法	(0.456 7, 0.586 6, 0.674 3, 0.264 7)	$x_3 > x_2 > x_1 > x_4$
第一个时期	(0.424 2, 0.760 9, 0.374 3, 0.289 0)	$x_2 > x_1 > x_3 > x_4$
第二个时期	(0.852 5, 0.466 8, 0.591 8, 0.356 8)	$x_1 > x_3 > x_2 > x_4$
第三个时期	(0.290 4, 0.559 9, 0.872 3, 0.452 4)	$x_3 > x_2 > x_4 > x_1$

经过对比发现，本章所提出的 MFMCDM 方法与 Xu（2009）的方法所得到的结果是相似的，即最终的选择最优方案都为 x_3，这说明本章提出的 MFMCDM 方法是有效的，但是总体的排序上与 Xu 稍微有些差距。在本章中，最劣方案为 x_4，而在 Xu（2009）的方法中，最劣方案为 x_1。这说明，对于同一个决策问题，权重的确定很重，本章计算权重时，同时考虑了主观权重和客观权重，结合了两种权重的优点，给出了组合权重，并且在进行 FMCDM 评估时，引入了一个新的度量距离，该距离能够充分考虑模糊数的模糊性，因此，在评估结果的选择上本章提出的 MFMCDM 也具有合理性。另外，通过三个时期下的排序结果对比可以发现，随着时间的越来越近，专家掌握的信息越来越多，其评估结果也越来越合理。而本书提出方法的评估结果与第三个时期的评估结果相似，即最好的投资企业为 x_3，这说明本书提出的方法的优越性。

4.7   本章小结

在多准则决策过程当中，指标权重是一个非常重要的参数，直接影响着最后方案的选择和排序结果的准确性。确定权重的方法一般分为两大类：主观赋权和客观赋权。运用主观赋权法确定的权重，反映的是决策者过去经验和知识的积累以及对现有决策背景的一个主观把握，可以体现决策者的主观判断或直觉，而且属性的相对重要水平往往不会违背人们的基本常识，并且方案的排序结果往往会有较大的主观随意性，也会受到决策者的知识局限性或经验的缺乏的影响。客观赋权法主要是以决策属性的数据为基础，它不依赖于决策者的主观判断，而是在一定的理论基础上，建立有效的数学模型，并通过求解该数学模型来计算属性的权重系数，因此该方法具有较强的数学理论依据，并且能够充分利用被评估对象的客观信息，但是它却不能反映决策者的主观偏好，忽视了决策者长期的知识构架和经验积累。同时，客观赋权法还会受到被评估数据的数量和优化模型选择的影响，甚至会出现权重系数不合理的现象，从而影响评估结果的准确性。

因此，为了能够准确、合理、科学地决策，既要考虑决策者的主观偏好，又要充分利用被评估对象的客观信息，达到主、客观思想的统一，然后合理地将主观权重和客观权重结合起来，形成组合权重，从而避免太过主观或者太过客观的评估结果。在实际的生活中，由于客观事物的复杂性以及人类知识构架的局限性和思维的模糊性，决策者往往难以给出明确的属性信息，只能用模糊数来表示，并且整个评估的过程往往也不是在同一个时期进行，因此需要考虑不同阶段中时间因素对决策过程的影响，为此，本章给出了一种基于组合权重的多阶段模糊多准则决策（MFMCDM）方法。在该方法中，首先，需要根据主观权重和客观权重来确定评估属性的组合权重信息；其次，需要根据专家的偏好以及时间权重确定方法以计算各阶段时间的权重信息；最后，在模糊环境下，基于 TOPSIS 思想，给出了 MFMCDM 评估过程。该方法不仅考虑了专家的偏好，而且有较强的理论基础，因此，其评估过程也较为合理。同时，该方法不仅能够用来评估企业的偏好，也能为其他决策领域提供一种方法参考。

根据本章的研究，本章提出方法的创新点具体如下：

①在该模型中，针对主观权重和客观权重的优缺点，提出了一种基于离差最大化的组合赋权方法。此方法不仅避免了人为因素带来的偏差而且充分考虑了决策者的偏好，使得决策过程更加合理。

②考虑了多阶段的决策过程，为了计算时间权重，引入了 BUM 函数，然后结合专家的主观经验和较强的数学理论确定时间权重，并给出了一种动态的决策方法。

③在进行模糊决策评估时，引入了更能包含隶属度函数信息的 $d_{2, 1/2}$ 距离来计算模糊数间的距离，也引入了方案与理想方案和负理想方案间的距离，这也使得决策效果得到了改善，使得最后的评估结果更加合理和准确。

5 基于两次信息集结的
多阶段综合评估方法

在上一章中，我们给出了一种基于组合权重的模糊多准则决策方法，然而当评估信息分布多个阶段时，经典的多准则决策方法不能很好地进行评估。本章基于算子集结理论，根据时间权重的特点，给出一种动态的非线性信息集结算子，并给出该算子的一些性质，然后提出了一种基于该集结算子的多阶段动态综合评估方法（dynamic comprehensive evaluation method，DCEM），针对不同时期下的评估信息进行两次集结。

5.1 引言

所谓综合评估方法（comprehensive evaluation method，CEM）是指决策者通过某种方法，对以多属性评估体系中结构描述的对象系统做出全局性和整体性的评价过程（王宗军，1998）。实际上，CEM 就是基于被评估的全体对象，依据所给的已知条件或法则，通过一定的赋值原则或方法对每一个被评估对象赋予一个评价值或者评估特征，最后再根据一定的理论体系进行运算，根据结果选择最优方案或者给出方案的排序。目前研究的 CEM 方法较多，如 AHP、TOPSIS、DEA、因子分析法以及聚类分析法等。这些方法也被应用到生产和生活中的各个领域。

在 CEM 中，多准则决策是当今一个热门的研究领域。在多准则决策中，信息集结是一个非常重要和热门的研究内容。目前，随着社会的发展和信息技术的提升，单一的决策往往不能满足评估的最后要求，面对多阶段的信息，需要通过合理的集结方法对该信息进行集结。在综合的多准则决策过程中，有效的集结算子能够更加清晰、准确地反映决策的结果，使得多种评估对象在进行信息集结时不会缺失，并且能够正确体现出决策的目的和效果。事实上，多准则决策方法在进行信息融合时，常常会遇到两个重要问题：①在评估过程中，能否给出一种有效的、合理的、科学的方法对各个评估属性的信息进行综合，即如何合理应用算子集结理论；②当给定一种方法对评估属性的信息进行综合时，每个属性的所表现出的重要性权重该如何确定，即如何计算集结算子中每个待集成的参数的重要程度。因此，对于多准则决策理论，研究信息集结算子是一个重要的话题。随着决策技术的发展，一些信息集结算子被提出，并且有效地应用到财务、管理、信息、军事等各个领域。

目前来说，在信息集结时，常用的集结算子有算术加权平均算子（WAA）（Harsanyi & Welfare，1955）、几何加权平均算子（WGA）（Aczél & Saaty，1983）、最大化算子和最小化算子（Mamdani & Assilian，1975）以及由著名学者 Yager 教授提出的一类介于最大值算子和最小值算子之间的有序加权平均算子（ordered weighted averaging，OWA）（Yager，1988）。其中：WAA 算子和 WGA 算子都是一种最基本的、传统的并且应用较为广泛的决策信息结集算子，但这两种算子在信息集结时只考虑被评估属性自身的重要程度，并没考虑属性所处位置之间的重要关系，因而不能反映决策者在进行信息集结时的主观偏好信息。OWA 算子是对 WAA 算子和 WGA 算子的一种推广，在信息集结时，首先需要对评估数据按从大到小的顺序进行重排，然后对数据所在的位置赋予一定的权重，最后再进行加权集结。在该过程中，权重的大小与集结的数据没有关系，只与集结过程中数据所处的位置有关，因此，应用 OWA 算子进行信息集结可以较好地避免一些不合理的情况。当 OWA 算子中权重取不同值时，就会变为最大值算子和最小值算子，因此，最大值算子和最小值算子是 OWA 算子的特殊情况。

WAA 算子、WGA 算子以及 OWA 算子等传统的加权平均算子，在经典的决策科学中虽然起到一定作用，但是这些算子都是以数据信息的加权平均方式为出发点，对信息集结过程中的信息数据优化分析，然后再进行综合集成的，这些算子只是广泛意义上的信息集结算子的一部分。实际上，在信息集结过程中，在对数据信息进行集成时，集成权重也是至关重要的，以上的集结算子并没有深入研究集成权重的重要性。因此，为了对数据信息进行更加合理和客观的处理，同时突出集结数据本身的重要性，Yager 教授于 2001 年提出了一种幂平均（power average，PA）算子（Yager，2001），这种算子不仅考虑了集结信息时数据间的支撑程度对权重系数的影响，而且在评估过程中还能捕获决策者要反映汇总值的细微差别，使得信息集结的过程完全客观化。Xu 和 Yager（2010）基于几何平均算子和 PA 算子，提出一种幂几何平均算子（power-geometric average，PGA），并给出该算子在群决策中的应用；姚平等（2012）基于调和算子和 PA 算子，给出一种幂调和平均算子（power harmonic average，PHA）和幂加权调和平均算子（power weighted harmonic average，PGHA），并给出这些算子在模糊偏好关系下的群决策中的应用；Zhou 和 Chen（2012）基于 OWA 算子和 PA 算子给出广义的幂算子（generalized power average，GPA）和广义的幂有序加权平均算子（generalized power ordered weighted average，GPOWA），并对这些广义算子进行了扩展，给出模糊环境下的相关算子，最后给出这些算子在群决策中的应用。这些算子虽然拓展了综合评估方法的应用范围，尤其是在信息集结中的应用，但是这些幂算子并没有应用到动态的决策模型中。基于此，本章给出几种基于 PA 算子的动态幂算子和动态的加权幂算子，这些动态算子不仅考虑了时间因素在决策过程中的重要作用，同时也考虑了集结信息时不同数据间的相互支撑程度对权重系数的影响，使得在决策评估时更加科学合理，评估的结果也更加准确可信。

基于上述分析，本章的内容安排如下：在 5.2 部分，给出几种常见的信息集结算子并给出其相关性质；在 5.3 部分，给出时间权重的计算方法并提出一种动态信息集结算子；在 5.4 部分，给出基于幂信息集结算子的多阶段综合评估模型；在 5.5 部分，通过一个数值算例来说明所提出方法的有效性和优越性；5.6 部分为本章研究内容的小结。

5.2　信息集结算子

算子集结理论是综合评价中的重要理论，是信息科学和决策科学的交叉理论，该理论对经典的决策理论起着至关重要的作用，因此，对集结算子的研究也是一个比较热门的话题。

本节将基于 PA 算子，考虑属性的权重信息，给出幂加权平均算子（PWA）和幂加权几何平均算子（PGWA）。

定义 5.1　假设 $a_1, \cdots, a_n$ 为一系列信息参数，$\omega = \{\omega_1, \omega_2, \cdots, \omega_n\}$ 表示每个信息的权重，函数 $PWA: R^n \to R$，则幂加权平均（power weighted average，PWA）算子定义如下：

$$\mathrm{PWA}(a_1, \cdots, a_n) = \frac{\sum_{i=1}^{n}(1 + T(a_i))a_i\omega_i}{\sum_{i=1}^{n}(1 + T(a_i))\omega_i} \tag{5-1}$$

其中：

$$T(a_i) = \sum_{n}\omega_j\mathrm{Sup}(a_i, a_j) \tag{5-2}$$

$\mathrm{Sup}(a, b)$ 是参数 a 和参数 b 之间的支撑程度。在本章中，定义 $\mathrm{Sup}(a, b)$ 为

$$\mathrm{Sup}(a_i, a_j) = 1 - \frac{|a_i - a_j|}{\sum_n |a_i - a_j|} \qquad (5-3)$$

特别地，当 $|a_i - a_j| = 0$ 时，假设 $\mathrm{Sup}(a_i, a_j) = 1$。

根据定义 5.1 可以看出：PWA 算子具有有界性和幂等性，但不具有置换不变性。事实上，假设信息向量 $(b_1, b_2, \cdots, b_n)$ 是信息向量 $(a_1, a_2 \cdots, a_n)$ 的任意置换，根据公式（5-2）和公式（5-3）可知：

$$T(b_i) = \sum_n \omega_j \mathrm{Sup}(b_i, b_j) \qquad (5-4)$$

因为受属性权重信息的影响，$(T(b_1), \cdots, T(b_n))$ 则不是 $(T(a_1), \cdots, T(a_n))$ 的一个置换，因此，$\mathrm{PWA}(b_1, b_2, \cdots, b_n) \neq \mathrm{PWA}(a_1, a_2 \cdots, a_n)$，即：PWA 算子的置换不变性是不成立的。

定义 5.2 假设 $a_1, \cdots, a_n$ 为一系列信息参数，$\omega = \{\omega_1, \omega_2, \cdots, \omega_n\}$ 表示每个信息的权重，函数 $\mathrm{PGWA}: R^n \to R$，则幂加权几何平均（power geometric weighted average，PGWA）算子定义如下：

$$\mathrm{PGWA}(a_1, \cdots, a_n) = \prod_{i=1}^{n} a_i^{\frac{(1+T(a_i))\omega_i}{\sum_{i=1}^{n}(1+T(a_i))\omega_i}} \qquad (5-5)$$

其中：

$$T(a_i) = \sum_n \omega_j \mathrm{Sup}(a_i, a_j) \qquad (5-6)$$

$\mathrm{Sup}(a, b)$ 是参数 a 和参数 b 之间的支撑程度，且：

$$\mathrm{Sup}(a_i, a_j) = 1 - \frac{|a_i - a_j|}{\sum_n |a_i - a_j|} \qquad (5-7)$$

特别地，当 $|a_i - a_j| = 0$ 时，假设 $\mathrm{Sup}(a_i, a_j) = 1$。

PGWA 算子同样具有有界性和幂等性，但由于受属性权重信息的影响，PGWA 也不具有置换不变性。

在多阶段的综合评估中，信息集结算子能够集结不同阶段下的信息，但是集结过程也受到时间因素的影响。因此，如何合理地确定时间权重，并应用动态信息集结算子进行合理的信息集结，对于决策者来说是十分重要的。

5.3 时间权重及动态信息集结算子

在实际生活中，决策的过程会受到时间改变的影响。在对某个企业的绩效评估中，通常情况下，时间越近，决策者获得的企业信息也越来越丰富和准确。因此，近期的时间因素对决策者的评估和判断影响越大，也为决策者提供的企业信息越多，这时需要对时间赋予较大的权重，即决策者比较重视近期数据。在计算时间权重时，根据以往对时间信息的研究，可以看出时间可以是离散的也可以是连续的。如果假设时间的变化呈现出对数增长（钱庆庆等，2014），那么针对离散型时间和连续型时间，我们可以分别给出时间权重确定方法。

①假设 t 是一个离散型时间，并且 $T = \{t_1,\ t_2,\ \cdots,\ t_N\}$，$\omega_k$ 表示时间 t_k 的权重，因此可以给出离散型时间的权重计算公式如下：

$$\omega_k = C_0 \ln(t_k + 1) \tag{5-8}$$

为了得到离散时间型的权重 ω_k，需要计算参数 C_0 的值，而对于离散型时间的权重 ω_k，有：

$$\sum_{k=1}^{N} \omega_k = 1 \tag{5-9}$$

因此，联立公式（5-8）和公式（5-9）可得：

$$\sum_{k=1}^{N} \omega_k = \sum_{k=1}^{N} C_0 \ln(t_k + 1) = 1 \tag{5-10}$$

由此可得：

$$C_0 = \frac{1}{\sum_{k=1}^{N} \ln(t_k + 1)} \tag{5-11}$$

把公式（5-11）代回公式（5-8）可得离散型时间的权重 ω_k 的计算公式：

$$\omega_k = \frac{\ln(t_k + 1)}{\sum_{k=1}^{N} \ln(t_k + 1)} \tag{5-12}$$

特殊地，当 $T = \{1,\ 2,\ \cdots,\ N\}$ 时，对于离散型时间 t，其权重 ω_k 的计算公式可以简化如下：

$$\omega_k = \frac{\ln(k + 1)}{\ln(N + 1)!} \tag{5-13}$$

其中：$k \in \{1,\ 2,\ \cdots,\ N\}$。

②假设 t 是一个连续型时间，并且 $t \in [0,\ T]$，ω 表示时间 t 的权重，因此连续型时间的权重计算公式如下：

$$\omega = C_0 \ln(t + 1) \tag{5-14}$$

为了得到连续型时间的权重 ω，需要计算参数 C_0 的值，而对于连续型时间的权重 ω，有：

$$\int_0^T \omega \, \mathrm{d}t = 1 \tag{5-15}$$

因此，联立公式（5-14）和公式（5-15）可得：

$$\int_0^T \omega \mathrm{d}t = \int_0^T C_0 \ln(t+1) \mathrm{d}t = 1 \tag{5-16}$$

由此可得：

$$C_0 = \frac{1}{(T+1)\ln(T+1) - T} \tag{5-17}$$

把公式（5-11）代回公式（5-8）可得连续型时间的权重 ω_k 的计算公式为：

$$\omega = \frac{\ln(t+1)}{(T+1)\ln(T+1) - T} \tag{5-18}$$

当时间权重确定后，基于 PA 算子，给出一种动态信息集结算子，具体如下：

定义 5.3　假设 $a(t_1)$，$a(t_2)$，$\cdots$，$a(t_p)$ 为一系列不同时期下的精确的信息参数，同时假设不同时期 $t_k(k=1,2,\cdots,p)$ 下的时间权重向量为 $\lambda(t) = (\lambda(t_1)，\lambda(t_2)，\cdots，\lambda(t_p))^T$，函数 DPWA：$R^n \to R$，则动态幂加权平均（dynamic power weighted average，DPWA）算子定义如下：

$$\mathrm{DPWA}_{\lambda(t)}(a(t_1)，a(t_2)，\cdots，a(t_p)) = \frac{\sum_{i=1}^p (1 + T(a(t_i)))a(t_i)\lambda(t_i)}{\sum_{i=1}^p (1 + T(a(t_i)))\lambda(t_i)} \tag{5-19}$$

其中：

$$T(a(t_i)) = \sum_p \lambda(t_j) \mathrm{Sup}(a(t_i)，a(t_j)) \tag{5-20}$$

支撑程度 $\mathrm{Sup}(a(t_i)，a(t_j))$ 可由公式（5-3）计算得出。

根据定义 5.3 可以看出，DPWA 算子具有有界性和幂等性，但不具有置换不变性。

证明：

①有界性

令 $\min(a(t_1)，a(t_2)，\cdots，a(t_p)) = a(t)_{\min}$ 和 $\max(a(t_1)，a(t_2)，\cdots，a(t_p)) = a(t)_{\max}$，则有：

$$a(t)_{\min} \sum_{i=1}^p (1 + T(a(t_i)))\lambda(t_i) \leqslant \sum_{i=1}^p (1 + T(a(t_i)))a(t_i)\lambda(t_i)$$

$$\leqslant a(t)_{\max} \sum_{i=1}^p (1 + T(a(t_i)))\lambda(t_i)$$

因为：

$$\sum_{i=1}^p (1 + T(a(t_i)))\lambda(t_i) \geqslant 0$$

所以有：

$$a(t)_{min} \leqslant \frac{\sum\limits_{i=1}^{p}(1 + T(a(t_i)))a(t_i)\lambda(t_i)}{\sum\limits_{i=1}^{p}(1 + T(a(t_i)))\lambda(t_i)} \leqslant a(t)_{max}$$

即有界性成立。

（2）幂等性

令 $a(t_i) = a(t_j) = a(t)$ ，由支撑程度的特殊性可得：

$$|a(t_i) - a(t_j)| = 0 , Sup(a(t_i), a(t_j)) = 1$$

把上式代入公式（5-19）和公式（5-20）可得：

$$DPWA_{\lambda(t)}(a(t_1), a(t_2), \cdots, a(t_p)) = \frac{\sum\limits_{i=1}^{p}(1 + (1 - \lambda(t_i)))a(t_i)\lambda(t_i)}{\sum\limits_{i=1}^{p}(1 + (1 - \lambda(t_i)))\lambda(t_i)}$$

因为 $a(t_i) = a(t_j) = a(t)$ ，所以有：

$$DPWA_{\lambda(t)}(a(t_1), a(t_2), \cdots, a(t_p)) = a(t)$$

因此幂等性成立。

当动态信息集结算子提出后，我们给出一个基于 PA 算子的两次信息集结的多阶段综合评估模型。

5.4　多阶段综合评估模型

假设 $X = \{x_1, x_2, \cdots, x_m\}$ 为 m 个备选方案，$C = \{c_1, c_2, \cdots, c_n\}$ 为 n 个评估属性，令不同时期 $t_k(k = 1, 2, \cdots, p)$ 下的时间权重向量为 $\lambda(t) = (\lambda(t_1), \lambda(t_2), \cdots, \lambda(t_p))^T$ ，并且满足：$\sum\limits_{k=1}^{p}\lambda(t_k) = 1, \lambda(t_k) \geqslant 0$ ，同时令不同时期 $t_k(k = 1, 2, \cdots, p)$ 下属性的权重向量为 $\omega(t_k) = (\omega_1(t_k), \omega_2(t_k), \cdots, \omega_n(t_k))^T$ ，并且满足：$\sum\limits_{i=1}^{n}\omega_i(t_k) = 1, \omega_i(t_k) \geqslant 0$ 。不同时期下的决策矩阵记为 $A(t_k) = (a_{ij}(t_k))_{m \times n}$ 。为了统一量纲，归一化方法给出如下：

$$r_{ij}(t_k) = \begin{cases} \dfrac{a_{ij}(t_k)}{\max_j\{a_{ij}(t_k)\}}, & i \in M, j \in I_1, \\[3mm] \dfrac{\min_j\{a_{ij}(t_k)\}}{a_{ij}(t_k)}, & i \in M, j \in I_2. \end{cases} \tag{5-21}$$

其中: I_1 是效益型指标, I_2 是成本型指标, $M = \{1, 2, \cdots, m\}$。

当归一化决策矩阵 $A'(t_k) = (r_{ij}(t_k))_{m \times n}$ 确定后, 基于 PA 算子的两次信息集结的多阶段综合评估模型的具体步骤如下:

①计算某个时期 t_k 下的 $T(r_i(t_k))$, 其中:

$$T(r_i(t_k)) = \sum_n \omega_j(t_k) \mathrm{Sup}(r_i(t_k), r_j(t_k)) \tag{5-22}$$

$$\mathrm{Sup}(r_i(t_k), r_j(t_k)) = 1 - \frac{|r_i(t_k) - r_j(t_k)|}{\sum_n |r_i(t_k) - r_j(t_k)|} \tag{5-23}$$

②根据 PWA 算子, 集结某个时期 t_k 下的评估信息, 可得时期 t_k 下总的方案评估信息 $h_j(t_k)$。

$$h_j(t_k) = \frac{\sum_{i=1}^{n} (1 + T(r_i(t_k))) r_i(t_k) \omega_i(t_k)}{\sum_{i=1}^{n} (1 + T(r_i(t_k))) \omega_i(t_k)} \tag{5-24}$$

③计算时间权重 $\lambda(t_k)$。

$$\lambda(t_k) = \frac{\ln(k + 1)}{\ln(N + 1)!} \tag{5-25}$$

其中: $k \in \{1, 2, \cdots, N\}$。

④计算不同时期下的 $T(h_i(t_i))$, $i = 1, 2, \cdots, p$, 其中:

$$T(h_i(t_i)) = \sum_p \lambda(t_j) \mathrm{Sup}(h_i(t_i), h_i(t_j)) \tag{5-26}$$

$$\mathrm{Sup}(h_i(t_i), h_i(t_j)) = 1 - \frac{|h_i(t_i) - h_i(t_j)|}{\sum_n |h_i(t_i) - h_i(t_j)|} \tag{5-27}$$

⑤根据 DPWA 算子, 集结各个时期下的评估信息, 可得总的方案评估信息 h_j。

$$h_j = \frac{\sum_{i=1}^{n} (1 + T(h_i(t_i))) h_i(t_i) \lambda(t_i)}{\sum_{i=1}^{n} (1 + T(h_i(t_i))) \lambda(t_i)} \tag{5-28}$$

⑥根据总的方案评估信息 h_j, 按照大小顺序对方案进行排序。

根据上述分析可以给出二次信息集结的动态综合评估的流程图, 如图 5-1 所示。

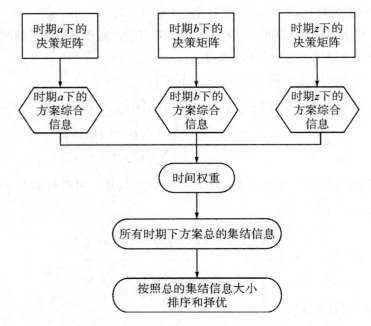

图 5-1　二次信息集结的动态综合评估

5.5　算例分析

本节给出一个算例（Xu，2008）来说明提出方法的有效性和可行性。

假设有五个公司需要进行绩效评估，分别记五个公司为：x_1、x_2、x_3、x_4 和 x_5。现需要从三个方面对这些公司进行评估，三个方面分别为：c_1——社会效益，c_2——经济效益，c_3——环境污染情况。为了更好地了解这五个公司，决策者需要根据公司三年的情况进行评估，根据 0~1 标度，给出每个时期下的评估决策矩阵 $A(t_k) = (a_{ij}(t_k))_{m \times n}$，如表 5-1、表 5-2 和表 5-3 所示。

表 5-1　初始化决策矩阵 $A(t_1)$

变量	x_1	x_2	x_3	x_4	x_5
c_1	0.75	0.95	0.80	0.90	0.85
c_2	0.85	0.70	0.90	0.80	0.85
c_3	0.50	0.45	0.35	0.40	0.55

表 5-2 初始化决策矩阵 $A(t_2)$

变量	x_1	x_2	x_3	x_4	x_5
c_1	0.80	0.90	0.85	0.85	0.90
c_2	0.90	0.85	0.80	0.75	0.90
c_3	0.45	0.40	0.40	0.50	0.60

表 5-3 初始化决策矩阵 $A(t_3)$

变量	x_1	x_2	x_3	x_4	x_5
c_1	0.90	0.85	0.95	0.90	0.95
c_2	0.85	0.90	0.85	0.80	0.85
c_3	0.35	0.45	0.45	0.45	0.50

由于属性间的量纲不同，需要对不同时期下的初始化决策矩阵 $A(t_k)$ 进行统一量纲处理。由属性的性质可知，c_1 社会效益和 c_2 经济效益为效益型指标，c_3 环境污染情况为成本型指标，因此，根据标准化处理公式（5-21）可以得到不同时期下的标准化决策矩阵 $A'(t_k)$，如表 5-4、表 5-5 和表 5-6 所示。

表 5-4 标准化决策矩阵 $A'(t_3)$

变量	x_1	x_2	x_3	x_4	x_5
c_1	0.789 5	1.000 0	0.842 1	0.947 4	0.894 7
c_2	0.944 4	0.777 8	1.000 0	0.888 9	0.944 4
c_3	0.700 0	0.777 8	1.000 0	0.875 0	0.636 4

表 5-5 标准化决策矩阵 $A'(t_3)$

变量	x_1	x_2	x_3	x_4	x_5
c_1	0.888 9	1.000 0	0.944 4	0.944 4	1.000 0
c_2	1.000 0	0.944 4	0.888 9	0.833 3	1.000 0
c_3	0.888 9	1.000 0	1.000 0	0.800 0	0.666 7

表 5-6 标准化决策矩阵 $A'(t_3)$

变量	x_1	x_2	x_3	x_4	x_5
c_1	0.947 4	0.894 7	1.000 0	0.947 4	1.000 0

表5-6(续)

变量	x_1	x_2	x_3	x_4	x_5
c_2	0.944 4	1.000 0	0.944 4	0.888 9	0.944 4
c_3	1.000 0	0.857 1	0.666 7	0.666 7	0.600 0

令不同时期 $t_k(k = 1, 2, \cdots, p)$ 下的时间权重向量为 $\lambda(t) = (\lambda(t_1), \lambda(t_2), \cdots, \lambda(t_p))^T$，并且满足：$\sum_{k=1}^{p} \lambda(t_k) = 1, \lambda(t_k) \geqslant 0$，同时假设不同时期 $t_k(k = 1, 2, \cdots, p)$ 下被评估属性的权重向量分别表示为：$\omega(t_1) = (0.40, 0.40, 0.20)^T$，$\omega(t_2) = (0.40, 0.35, 0.25)^T$ 和 $\omega(t_3) = (0.40, 0.30, 0.30)^T$。于是，根据多阶段的综合评估模型可得具体评估步骤如下：

步骤1　根据公式（5-22）和公式（5-23），计算各个时期 t_k 下的 $T(r_i(t_k))$ 如下：

$$T(r_i(t_1)) = \begin{bmatrix} 0.273\ 2 & 0.300\ 0 & 0.300\ 0 & 0.310\ 6 & 0.367\ 7 \\ 0.322\ 4 & 0.200\ 0 & 0.200\ 0 & 0.238\ 4 & 0.372\ 2 \\ 0.400\ 0 & 0.400\ 0 & 0.400\ 0 & 0.400\ 0 & 0.400\ 0 \end{bmatrix}$$

$$T(r_i(t_2)) = \begin{bmatrix} 0.250\ 0 & 0.250\ 0 & 0.300\ 1 & 0.306\ 5 & 0.350\ 0 \\ 0.325\ 0 & 0.325\ 0 & 0.350\ 0 & 0.284\ 6 & 0.400\ 0 \\ 0.400\ 0 & 0.400\ 0 & 0.383\ 3 & 0.359\ 4 & 0.375\ 0 \end{bmatrix}$$

$$T(r_i(t_3)) = \begin{bmatrix} 0.300\ 0 & 0.300\ 0 & 0.300\ 0 & 0.300\ 0 & 0.300\ 0 \\ 0.394\ 9 & 0.357\ 6 & 0.383\ 3 & 0.379\ 2 & 0.386\ 1 \\ 0.351\ 4 & 0.379\ 2 & 0.345\ 5 & 0.344\ 2 & 0.346\ 3 \end{bmatrix}$$

步骤2　根据 PWA 算子，集结各个时期 t_k 下的评估信息，可得时期 t_k 下总的方案评估信息 $h_j(t_k)$ 如下：

$$h_j(t_1) = (0.832\ 6, 0.868\ 1, 0.935\ 9, 0.909\ 5, 0.862\ 0)^T$$
$$h_j(t_2) = (0.928\ 1, 0.980\ 4, 0.939\ 2, 0.868\ 9, 0.916\ 6)^T$$
$$h_j(t_3) = (0.962\ 3, 0.915\ 1, 0.882\ 3, 0.884\ 6, 0.862\ 2)^T$$

步骤3　在该算例中，时间是离散的，且 $T = \{1, 2, 3\}$，因此可以根据公式（5-25）计算时间权重 $\lambda(t_k)$，于是可得：

$$\lambda(t) = (0.218, 0.346, 0.436)^T$$

步骤4　根据公式（5-26）和公式（5-27），计算不同时期下的 $T(h_i(t_i))$，具体如下：

$$T(h_j(t_1)) = (0.384\ 1, 0.409\ 5, 0.351\ 0, 0.380\ 5, 0.435\ 9)^T$$

$$T(h_j(t_2)) = (0.378\ 7,\ 0.356\ 0,\ 0.230\ 1,\ 0.354\ 5,\ 0.327\ 3)^T$$

$$T(h_j(t_3)) = (0.319\ 1,\ 0.271\ 5,\ 0.280\ 0,\ 0.310\ 9,\ 0.218\ 5)^T$$

步骤5 根据公式（5-28），集结各个时期下的评估信息，可得总的方案评估信息 h_j，具体如下：

$$h_j = (0.921\ 4,\ 0.927\ 2,\ 0.913\ 5,\ 0.867\ 7,\ 0.881\ 3)^T$$

步骤6 根据总的方案评估信息 h_j，按照大小顺序对方案进行排序，具体如下：

$$x_2 > x_1 > x_3 > x_5 > x_4$$

因此，这五个公司的绩效排序为 $x_2 > x_1 > x_3 > x_5 > x_4$。

经过对比发现，本章所提出的两次信息集结的多阶段综合评估方法方法与 Xu 的方法所得到的结果（$x_1 > x_2 > x_3 > x_5 > x_4$）是相似的，这说明本书提出的方法是有效的，但是 Xu 的方法仅仅用了一个简单的线性加权算子对信息集结，并未考虑集结信息时数据间的支撑程度对权重系数的影响，并且本书提出的方法在时间权重确定上较为客观合理。因此，这五个公司的绩效排序应该为 $x_2 > x_1 > x_3 > x_5 > x_4$，该方法在公司绩效评估上是合理的。

5.6　本章小结

在现实生活中，基于不同的偏好关系来选择较好的评估方案是一个常见的问题。然而随着社会的发展，决策的复杂性逐渐增强，决策者不仅要考虑当前的信息情况，还要参考过去的信息以便得到合理正确的评估结果。因此，传统的决策方法，尤其是多阶段的动态决策，已无法满足决策的需求。为了处理这些复杂的动态决策，由经典的多准则决策过程可以看出，有效的集结算子能够更加清晰准确地反映出决策的结果，使得多种评估对象在进行信息集结时不会缺失，并且能够正确体现出决策的目的和效果。因此，本章基于算子集结理论，提出了一种两次信息集结的多阶段综合评估方法。该方法不仅考虑了时间权重在决策时的重要性，更加注重评估数据间的相互关系，既结合了决策者的主观评估偏好，又有较强的算子集结理论基础，因此，本书提出的方法具有较好的适用性和实用性。

根据本章的研究，本书提出方法的创新点具体如下：

（1）根据算子集结理论，基于幂算子，同时考虑决策过程中时间因素的影响，提出了动态幂加权平均算子，并根据该算子给出了多阶段的综合评估模型，然后把该模型应用到公司绩效评估中。结果显示，该模型在公司绩效评估时是合理有效的。

（2）根据时间的特征，越靠近最终的决策时刻，决策者获得的评估信息就越多，时间对决策结果的影响也越大，此时，需要对时间赋予较大的权重；而越远离最终的决策时刻，决策者掌握的评估信息就越少，时间对决策结果的影响也越小，此时，需要对时间赋予较大的权重。因此，本章分别给出了离散型时间和连续型时间的权重的计算方法，该方法结合了主观、客观思想，计算较为合理。

6   不确定幂几何加权平均算子的
多阶段动态多准则决策

在上一章中，我们讨论了两次信息集结的多阶段综合评估方法。然而，在决策过程中，往往会遇到评估对象不清晰的情况。因此，本章基于上一章的研究，针对模糊环境下方案属性信息不确定、模糊决策信息分布多个阶段以及传统加权平均算子权重没有考虑不同集成数据间相互关系等问题，提出一种基于不确定幂几何加权平均算子（uncertain power geometric weighted average，UPGWA）的多阶段动态多准则决策方法。

6.1   引言

多准则决策是决策理论的一个重要组成部分，是指对具备多个属性的有限方案依据某个决策法则进行选择、排序、评估等的一种决策分析方法。在实际的决策生活中，它被应用到各个方面（Peng 等，2011；Kou & Lou，2012；卞亦文和许皓，2013；Kou & Lin，2014；Li et al.，2015）。随着人类社会的不断发展和知识水平的提高，人们面对的问题也愈来愈复杂，决策的繁杂程度表现得也愈来愈突出，于是人们常常需要对多个目标进行评估，然而人们往往不能给出方案的准确的评估属性值，而是用模糊数来表示属性的信息，其中区间模糊数就常用在不确定的决策分析中（Kuo & Liang，2012；Chen，2012；钟嘉庆等，2013）。在多准则决策中，信息集结是一个常见的问题，为了集结不同专家或者属性的信息，一些集结算子被提出，如算术平均算子（Harsanyi & Welfare，1955）、几何平均算子（Aczél & Saaty，1983）、有序加权平均算子（OWA）（Yager，1988）、幂平均算子（PA）（Yager，2001）、幂几何平均算子（PGA）（Xu & Yager，2010）以及不确定环境下的幂算术平均算子（UPA）（Xu & Cai，2012）和幂几何平均算子（UPGA）（Xu & Yager，2010）等。这些算子虽然能集结各种信息，但也有各自的优缺点，如算术平均算子、几何平均算子、有序加权平均算子（OWA）虽然计算比较简单，但这些算子并未考虑决策属性间的支撑关系，在评估时不能捕获决策者要反映汇总值的细微差别；幂平均算子、幂几何平均算子以及不确定环境下的幂平均算子和幂几何平均算子虽然考虑决策属性间的支撑关系，但并未考虑决策时评估属性受时间因素的影响。实际上，时间因素对评估结果的准确性是有影响的，比如，决策时专家比较重视近期数据还是比较重视远期数据可能会直接影响最终方案的选择。因此，在决策时既要考虑决策信息间的支撑关系又要考虑时间因素对评估结果的影响。

为了考虑决策过程中时间因素对评估结果的影响，一些学者给出了基于时间因素的综合评价方法。例如，郭亚军等（2007）基于有序加权平均算子（OWA）和有序加权几何平均算子（OWGA）给出了时序加权平均算子（TOWA）和时序几何平均算子（TOWGA），并把该时序算子应用到数据集结的方法中，同时给出了基于熵权的主观、客观相结合的时间权重确定方法；杨威和庞永峰（2011）针对多目标决策过程中方案属性信息由模糊数给出且评估信息分布在多个阶段等情况，给出了一个不确定动态几何加权平均算子（UDWGA），该算子虽然对算子集结理论进行了扩展，但是在评估过程中并未考虑数据间的相互支撑程度；Campanella 和 Ribeiro（2011）基于经典的 MCDM 方法以及算子集结函数，给出一种能够处理任何动态决策的灵活框架；Yu 和 Chen（2012）给出一种在多变空间下，结合心理学、神经学、系统科学以及优化理论的动态多准则决策方法。这些动态的多准则决策方法丰富了决策科学的研究。基于此，本书给出一种基于新的动态算子的模糊多准则决策方法，结合模糊理论、决策理论以及算子集结理论来进行科学的决策评估。

实际上，科学地确定时间权重向量是得到合理评估结果的关键，在第 4 章和第 5 章中，我们分别给出两种时间权重的确定方法，这些方法都表明在确定时间权重向量时既要考虑充分考虑专家的偏好、知识以及经验，又要兼顾时间样本点本身所包含的客观信息。因此，本章给出一种基于熵权法和专家主观偏好的主客观相结合的方法来确定时间权重。该方法在专家赋予"时间度"的情况下来寻找适合该样本集结的时间权重向量，以便最大化地发现样本中的信息和统筹被评估对象在时序上的差别信息，同时构造非线性规划问题来求时间权重向量，其中目标函数为时间权重的信息熵。该方法集结了主客观赋权思想，得出的时间权重较为合理。

因此，为了科学地、全面地进行决策评估，我们不仅要考虑集成数据间相互关系，捕获决策者要反映汇总值的精致细微差别，而且还要考虑多阶段评估时时间因素对整个决策过程的影响。基于此，针对属性信息由区间模糊数给出且评估过程分布在多个阶段等情况，本章提出一种基于不确定幂加权几何平均算子的多阶段动态多准则决策方法，最后通过两个算例来说明提出方法的有效性和合理性。

　　基于上述分析，本章的内容安排如下：在 6.2 部分，给出几种不确定环境下的信息集结算子并给出其相关性质；在 6.3 部分，给出时间权重的计算方法并提出一种不确定动态信息集结算子；在 6.4 部分，给出基于不确定动态幂加权几何平均算子的多阶段综合评估模型；在 6.5 部分，通过两个例子来说明提出方法的有效性和优越性；6.6 部分为本章研究内容的小结。

6.2　不确定信息集结算子

　　第 5 章基于算术平均算子、几何平均算子、有序加权平均算子以及幂算子，给出了动态幂加权平均算子和动态幂加权几何平均算子。本章将给出在模糊环境下的不确定信息集结算子。

　　首先，介绍在模糊环境下区间数的运算法则。

定义 6.1　记 $\tilde{a} = [a^L,\ a^U]$，且 $a^L \leqslant a^U$，则称 $\tilde{a}$ 为区间数。

　　对于不同的区间值模糊数，给出其运算法则，具体如下：

　　假设 $\tilde{a} = [a^L,\ a^U]$，$\tilde{b} = [b^L,\ b^U]$ 为两个区间数，$\lambda \geqslant 0$，则有：

（1）$\tilde{a} \oplus \tilde{b} = [a^L + b^L,\ a^U + b^U]$

（2）$\tilde{a} \otimes \tilde{b} = [a^L \cdot b^L,\ a^U \cdot b^U]$

（3）$\lambda \cdot \tilde{a} = [\lambda a^L,\ \lambda a^U]$，$\lambda > 0$

（4）$\tilde{a}^\lambda = [(a^L)^\lambda,\ (a^U)^\lambda]$，$\lambda > 0$

（5）$\tilde{a}/\tilde{b} = [a^L/b^U,\ a^U/b^L]$

（6）$d(\tilde{a},\ \tilde{b}) = \sqrt{(b^L - a^L)^2 + (b^U - a^U)^2}$

定义 6.2（Xu & Da，2002）　记 $\tilde{a} = [a^L,\ a^U]$，$\tilde{b} = [b^L,\ b^U]$ 为两个区间数，则 $\tilde{a} \geqslant \tilde{b}$ 的可能度 $P(\tilde{a} \geqslant \tilde{b})$ 定义为

$$P(\tilde{a} \geqslant \tilde{b}) = \min\left\{\max\left\{\frac{a^U - b^L}{a^U - a^L + b^U - b^L},\ 0\right\},\ 1\right\} \tag{6-1}$$

　　根据定义 6.2 可知该可能度满足以下几个性质：

　　（1）有界性：$0 \leqslant P(\tilde{a} \geqslant \tilde{b}) \leqslant 1$。

　　（2）$P(\tilde{a} \geqslant \tilde{b}) = 1$（当且仅当 $b^U \leqslant a^L$）。

　　（3）$P(\tilde{a} \geqslant \tilde{b}) = 0$（当且仅当 $a^U \leqslant b^L$）。

　　（4）互补性：$P(\tilde{a} \geqslant \tilde{b}) + P(\tilde{b} \geqslant \tilde{a}) = 1$。特别地，$P(\tilde{a} \geqslant \tilde{a}) = 1/2$。

　　（5）传递性：假设 $\tilde{a} = [a^L,\ a^U]$，$\tilde{b} = [b^L,\ b^U]$ 和 $\tilde{c} = [c^L,\ c^U]$ 分别是三个区间模糊数，如果 $P(\tilde{a} \geqslant \tilde{b}) \geqslant 1/2$ 并且 $P(\tilde{b} \geqslant \tilde{c}) \geqslant 1/2$，则有 $P(\tilde{a} \geqslant \tilde{c}) \geqslant 1/2$。

定义 6.3（Orlovsky，1978）　假设 $A = (x_{ij})_{n \times n}$ 表示某一矩阵，如果对于矩阵

中的元素满足 $x_{ij} + x_{ji} = 1$，则称矩阵 $A = (x_{ij})_{n×n}$ 为互补判断矩阵。

假设 $P = (p_{ij})_{m×m}$ 是一个模糊偏好矩阵，如果 p_{ij} 表示两个模糊数之间的可能度，则称矩阵 $P = (p_{ij})_{m×m}$ 为可能度偏好矩阵。由区间值模糊数可能度的性质（4）互补性以及定义 6.3 可知，由区间值模糊数组成的可能度偏好矩阵 $P = (p_{ij})_{m×m}$ 是一个互补判断矩阵。

定义 6.4　假设 $\tilde{a}_1, \tilde{a}_2, \cdots, \tilde{a}_n$ 为一系列区间值模糊数，$\omega = \{\omega_1, \omega_2, \cdots, \omega_n\}$ 表示每个模糊信息的权重，则不确定幂算术加权平均（uncertain power weighted average，UPWA）算子定义为

$$UPWA(\tilde{a}_1, \tilde{a}_2, \cdots, \tilde{a}_n) = \frac{\sum_{i=1}^{n} \omega_i(1 + T(\tilde{a}_i))\tilde{a}_i}{\sum_{i=1}^{n} \omega_i(1 + T(\tilde{a}_i))} \tag{6-2}$$

其中：

$$T(\tilde{a}_i) = \sum_{n} \omega_j Sup(\tilde{a}_i, \tilde{a}_j) \tag{6-3}$$

$Sup(\tilde{a}_i, \tilde{a}_j)$ 是区间值模糊数数 $\tilde{a}_i$ 和区间值模糊数 $\tilde{a}_j$ 之间的支撑程度。在本章中，定义 $Sup(\tilde{a}_i, \tilde{a}_j)$ 为

$$Sup(\tilde{a}_i, \tilde{a}_j) = 1 - \frac{d(\tilde{a}_i, \tilde{a}_j)}{\sum_{n} d(\tilde{a}_i, \tilde{a}_j)} \tag{6-4}$$

特别地，当 $d(\tilde{a}_i, \tilde{a}_j) = 0$ 时，假设 $Sup(\tilde{a}_i, \tilde{a}_j) = 1$。

定义 6.5　假设 $\tilde{a}_1, \tilde{a}_2, \cdots, \tilde{a}_n$ 为一系列区间值模糊数，$\omega = \{\omega_1, \omega_2, \cdots, \omega_n\}$ 表示每个模糊信息的权重，则不确定幂几何加权平均（uncertain power geometric weighted average，UPGWA）算子定义为

$$UPGWA(\tilde{a}_1, \tilde{a}_2, \cdots, \tilde{a}_n) = \prod_{i=1}^{n} \tilde{a}_i^{\frac{(1+T(\tilde{a}_i))\omega_i}{\sum_{i=1}^{n}(1+T(\tilde{a}_i))\omega_i}} \tag{6-5}$$

其中：

$$T(\tilde{a}_i) = \sum_{n} \omega_j Sup(\tilde{a}_i, \tilde{a}_j) \tag{6-6}$$

$Sup(\tilde{a}_i, \tilde{a}_j)$ 是区间值模糊数数 $\tilde{a}_i$ 和区间值模糊数 $\tilde{a}_j$ 之间的支撑程度，在本章中，$Sup(\tilde{a}_i, \tilde{a}_j)$ 的值由公式（6-4）给出。

由定义 6.4 和定义 6.5 可知，不确定幂算术加权平均算子 UPWA 和不确定幂几何加权平均算子 UPGWA 都是非线性算子，并且对于支集 $Sup(\tilde{a}_i, \tilde{a}_j)$ 来说，当区间值模糊数 $\tilde{a}_i$ 和区间值模糊数 $\tilde{a}_j$ 越接近，则 $\tilde{a}_i$ 和 $\tilde{a}_j$ 越相似，同时它们之间的支撑程度越大。

为了更好地说明 UPGWA 算子，我们给出下列定理：

定理 6.1（Bullen 等，1988）　假设 $x_i > 0$，$\lambda_i > 0$，并且 $\sum\limits_{i=1}^{n} \lambda_i = 1$，则有：

$$\prod_{i=1}^{n} (x_i)^{\lambda_i} \leqslant \sum_{i=1}^{n} \lambda_i x_i \tag{6-7}$$

其中：当且仅当 $x_1 = x_2 = \cdots = x_n$ 时式（6-5）等号成立。

由定理 6.1 可得，UPGWA 算子和 UPWA 算子有以下关系：

定理 6.2　假设 $\tilde{a}_1$，$\tilde{a}_2$，$\cdots$，$\tilde{a}_n$ 为一系列区间值模糊数，则有：

$$\prod_{i=1}^{n} \tilde{a}_i^{\frac{(1+T(\tilde{a}_i))\omega_i}{\sum\limits_{i=1}^{n}(1+T(\tilde{a}_i))\omega_i}} \leqslant \frac{\sum\limits_{i=1}^{n} \omega_i(1 + T(\tilde{a}_i))\tilde{a}_i}{\sum\limits_{i=1}^{n} \omega_i(1 + T(\tilde{a}_i))} \tag{6-8}$$

即

$$\text{UPGWA}(\tilde{a}_1,\ \tilde{a}_2,\ \cdots,\ \tilde{a}_n) \leqslant \text{UPWA}(\tilde{a}_1,\ \tilde{a}_2,\ \cdots,\ \tilde{a}_n) \tag{6-9}$$

定理 6.3　假设 $\tilde{a}_1$，$\tilde{a}_2$，$\cdots$，$\tilde{a}_n$ 为一系列区间值模糊数，且 $\tilde{a}_i = \tilde{a}$，则有：

$$\text{UPGWA}(\tilde{a}_1,\ \tilde{a}_2,\ \cdots,\ \tilde{a}_n) = \tilde{a} \tag{6-10}$$

证明：因为 $\tilde{a}_i = \tilde{a}$，所以有

$$\text{Sup}(\tilde{a}_i,\ \tilde{a}_j) = 1,\ T(\tilde{a}_i) = 1 - \omega_i \tag{6-11}$$

把公式（6-11）代入公式（6-5）可得：

$$\text{UPGWA}(\tilde{a}_1,\ \tilde{a}_2,\ \cdots,\ \tilde{a}_n) = \prod_{i=1}^{n} \tilde{a}_i^{\frac{(1+T(\tilde{a}_i))\omega_i}{\sum\limits_{i=1}^{n}(1+T(\tilde{a}_i))\omega_i}} = \prod_{i=1}^{n} \tilde{a}_i^{\frac{(2-\omega_i)\omega_i}{\sum\limits_{i=1}^{n}(2-\omega_i)\omega_i}} = \tilde{a}^{\frac{\sum\limits_{i=1}^{n}(2-\omega_i)\omega_i}{\sum\limits_{i=1}^{n}(2-\omega_i)\omega_i}} = \tilde{a}$$

$$\tag{6-12}$$

证毕。

定理 6.4　假设 $\tilde{a}_1$，$\tilde{a}_2$，$\cdots$，$\tilde{a}_n$ 为一系列区间值模糊数，则 UPGWA($\tilde{a}_1$，$\tilde{a}_2$，$\cdots$，$\tilde{a}_n$) 是一个有界的算子。

证明：记 $\min(\tilde{a}_1,\ \tilde{a}_2,\ \cdots,\ \tilde{a}_n) = \tilde{a}_{\min}$ 以及 $\max(\tilde{a}_1,\ \tilde{a}_2,\ \cdots,\ \tilde{a}_n) = \tilde{a}_{\max}$，则有：

$$\tilde{a}_{\min} = \prod_{i=1}^{n} \tilde{a}_{\min}^{\frac{(1+T(\tilde{a}_i))\omega_i}{\sum\limits_{i=1}^{n}(1+T(\tilde{a}_i))\omega_i}} \leqslant \prod_{i=1}^{n} \tilde{a}_i^{\frac{(1+T(\tilde{a}_i))\omega_i}{\sum\limits_{i=1}^{n}(1+T(\tilde{a}_i))\omega_i}} \leqslant \prod_{i=1}^{n} \tilde{a}_{\max}^{\frac{(1+T(\tilde{a}_i))\omega_i}{\sum\limits_{i=1}^{n}(1+T(\tilde{a}_i))\omega_i}} = \tilde{a}_{\max} \tag{6-13}$$

即

$$\min(\tilde{a}_1,\ \tilde{a}_2,\ \cdots,\ \tilde{a}_n) \leqslant \text{UPGWA}(\tilde{a}_1,\ \tilde{a}_2,\ \cdots,\ \tilde{a}_n) \leqslant \max(\tilde{a}_1,\ \tilde{a}_2,\ \cdots,\ \tilde{a}_n)$$

$$\tag{6-14}$$

所以 UPGWA($\tilde{a}_1$，$\tilde{a}_2$，$\cdots$，$\tilde{a}_n$) 是一个有界的算子。

证毕。

在模糊决策过程中，时间因素也影响着决策的结果，因此合理地确定时间权重也是一个重要方面。本章基于熵权法，给出了一种主客观相结合的时间权重确

定方法，然后给出一个不确定动态集结算子。

6.3　时间权重及模糊动态集结算子

科学地确定时间权重向量是得到正确、合理的评估结果的关键，在确定时间权重向量时既要考虑决策者的知识及经验等主观因素，又要考虑时间样本点自身所蕴含的客观消息。因此，本章给出一种基于熵权法的主客观相结合的方法来确定时间权重。

实际上，熵是热力学的一个概念，然而，随信息计算和理论的发展，其在管理科学领域也得到了普遍的应用。熵可以度量系统状态不确定性，熵值愈大，则它蕴含的信息量就愈小。熵权法不仅考虑了样本点本身的客观信息，而且反映了不同被评估的对象在某一时间点上的差别，还反映了在每个时间点上不同被评估对象之间的差别。根据上述思想和信息熵权的定义，在根据专家赋予"时间度"的情况下，以尽可能地挖掘样本的信息，同时考虑被评价对象在时序上的不同信息为标准，从而来寻找适合该样本集结的时间权重向量，因此可以构造以下规划（郭亚军等，2007）来确定时间的权重：

$$\max\left[-\sum_{k=1}^{p}w_k\ln w_k\right] \tag{6-15}$$

$$\text{s.t.}\quad \lambda = -\sum_{k=1}^{p}\frac{p-k}{p-1}w_k$$

$$\sum_{k=1}^{p}w_k = 1,\ w_k \in [0,1],\ k = 1, 2, \cdots, p$$

其中：其中 w_k 为不同时期的权重值，k 表示时期数，λ 为"时间度"，它的大小反映了算子集结过程中对不同时间样本点的重视程度，λ 取值在 $[0,1]$ 之间，例如 $\lambda = 0.9$ 时表示非常重视远期数据；$\lambda = 0.5$ 时表示各时期的数据一样重要；$\lambda = 0.3$ 时表示较重视近期数据；$\lambda = 0.1$ 时表示非常重视近期数据。具体"时间度"的标度（郭亚军等，2007）参考表6-1。

表6-1　"时间度"的标度

时间度的取值	解释说明
0.1	非常重视近期评估数据
0.3	比较重视近期评估数据
0.5	所有时期数据同样重视
0.7	比较重视远期评估数据

表6-1(续)

时间度的取值	解释说明
0.9	非常重视远期评估数据
0.2, 0.4, 0.6, 0.8	相邻取值判断的中间情况

因此，基于表6-1以及上述非线性规划模型可以求解出时间权重向量，其中目标函数为时间权重的信息熵。

基于上述求出的时间权重信息，可以给出一个模糊环境下的动态集结算子，具体如下：

定义 6.6 假设 $\tilde{a}(t_1)$，$\tilde{a}(t_2)$，…，$\tilde{a}(t_p)$ 分别为 t_1，t_2，…，t_p 个阶段的方案的第 i 个属性值，其中 $\tilde{a}(t_k)$ 为区间数，$i = 1, 2, \dots, n$，同时假设 $\lambda(t) = (\lambda(t_1), \lambda(t_2), \dots, \lambda(t_p))^T$ 为时期 $t_k(k = 1, 2, \dots, p)$ 的时间权重向量，且 $\lambda(t_k) \geqslant 0$，$\sum_{k=1}^{p} \lambda(t_k) = 1$，$k = 1, 2, \dots, p$，则动态不确定幂几何加权平均算子 $\text{DUPGWA}_{\lambda(t)}$ 为

$$\text{DUPGWA}_{\lambda(t)}(\tilde{a}(t_1), \dots, \tilde{a}(t_p)) = \prod_{i=1}^{n} \tilde{a}^{\frac{\lambda(t_k)(1+T(\tilde{a}(t_k)))}{\sum_{k=1}^{p}(1+T(\tilde{a}(t_k)))\lambda(t_k)}} \tag{6-16}$$

其中：

$$T(\tilde{a}(t_k)) = \sum_{p} \lambda(t_j) \text{Sup}(\tilde{a}(t_k), \tilde{a}(t_j)) \tag{6-17}$$

支撑程度 $\text{Sup}(\tilde{a}(t_k), \tilde{a}(t_j))$ 可由公式（6-4）计算得出。

动态不确定幂几何加权平均算子 $\text{DUPGWA}_{\lambda(t)}$ 同样满足定理6.3和定理6.4中的性质。

基于动态不确定算子 $\text{DUPGWA}_{\lambda(t)}$，下面给出一种不确定环境下的多阶段动态多准则决策方法。

6.4　模糊动态多准则决策

对于模糊环境下的多准则决策问题，假设 $X = \{x_1, x_2, \dots, x_m\}$ 为 m 个备选方案的集合，$C = \{c_1, c_2, \dots, c_n\}$ 为 n 个评估属性的集合，同时假设不同时期 $t_k(k = 1, 2, \dots, p)$ 下的时间权重向量为 $\lambda(t) = (\lambda(t_1), \lambda(t_2), \dots, \lambda(t_p))^T$，并且满足：$\sum_{k=1}^{p} \lambda(t_k) = 1$，$\lambda(t_k) \geqslant 0$。对于各方案的评估属性，同时假设不同时期 $t_k(k = 1, 2, \dots, p)$ 下的权重向量为 $\omega(t_k) = (\omega_1(t_k), \omega_2(t_k), \dots, \omega_n(t_k))^T$，并且

满足：$\sum_{i=1}^{n} \omega_i(t_k) = 1$，$\omega_i(t_k) \geqslant 0$。不同时期下，各评估属性组成的决策矩阵记为 $\tilde{A}(t_k) = (\tilde{x}_{ij}(t_k))_{m \times n}$。评估属性的类型可能在量纲或者尺度上有所差别，为了消除属性在量纲及尺度上的不同，必须对各个评估属性指标进行规范化处理。在模糊环境下，对于不同的属性类型，例如，效益型模糊数指标 I_1 和成本型模糊数指标 I_2，我们采用如下的规范化方法进行转换：

$$\tilde{x}'_{ij} = \begin{cases} \tilde{x}_{ij} / \sum_{j=1}^{n} \tilde{x}_{ij}, & \forall i \in M, \ j \in I_1, \\ (1/\tilde{x}_{ij}) / \sum_{j=1}^{n} (1/\tilde{x}_{ij}), & \forall i \in M, \ j \in I_2. \end{cases} \qquad (6\text{-}18)$$

对于规范化后的模糊标准化决策矩阵 $\tilde{A}'(t_k) = (\tilde{x}'_{ij}(t_k))_{m \times n}$，针对方案属性信息不确定、决策信息分多个阶段以及传统加权平均算子没有考虑集成数据间相互关系等问题，给出基于不确定幂几何加权平均算子的多阶段动态多准则决策方法。具体的评估步骤如下：

①根据规范化后的模糊标准化决策矩阵 $\tilde{A}'(t_k) = (\tilde{x}'_{ij}(t_k))_{m \times n}$，利用不确定幂几何加权平均算子 $UPGWA_\omega$，集结某个时期 t_k 下的评估信息，可得时期 t_k 下集结信息 $U(\tilde{r}(t_k)) = (U(\tilde{r}_1(t_k)), \cdots, U(\tilde{r}_m(t_k)))^T$，其中：

$$U(\tilde{r}_i(t_k)) = \prod_{i=1}^{n} \tilde{r}_{ij} (t_k)^{\frac{\omega_j(t_k)(1+T(\tilde{r}_{ij}(t_k)))}{\sum_{i=1}^{n}(1+T(\tilde{r}_{ij}(t_k)))\omega_j(t_k)}} \qquad (6\text{-}19)$$

$$T(\tilde{r}_{ij}(t_k)) = \sum_{n} \omega_z(t_k) Sup(\tilde{r}_{iz}(t_k), \tilde{r}_{ij}(t_k)) \qquad (6\text{-}20)$$

$$Sup(\tilde{r}_{iz}(t_k), \tilde{r}_{ij}(t_k)) = 1 - \frac{d(\tilde{r}_{iz}(t_k), \tilde{r}_{ij}(t_k))}{\sum_{n} d(\tilde{r}_{iz}(t_k), \tilde{r}_{ij}(t_k))} \qquad (6\text{-}21)$$

②根据熵权法计算时间权重向量 $\lambda(t) = (\lambda(t_1), \lambda(t_2), \cdots, \lambda(t_p))^T$，其中 $\lambda(t_k)$ 满足以下非线性规划：

$$\max \left[- \sum_{k=1}^{p} \lambda(t_k) \ln \lambda(t_k) \right] \qquad (6\text{-}22)$$

$$\text{s.t.} \quad \lambda = - \sum_{k=1}^{p} \frac{p-k}{p-1} \lambda(t_k)$$

$$\sum_{k=1}^{p} \lambda(t_k) = 1, \ \lambda(t_k) \in [0, 1], \ k = 1, 2, \cdots, p$$

③利用动态不确定幂几何加权平均算子 $DUPGWA_{\lambda(t)}$，同时考虑时间权重，对各个时期集结后的结果进行再次集结，可得集结向量 $U(\tilde{r}) = (U(\tilde{r}_1), \cdots, U(\tilde{r}_m))^T$，其中：

$$U(\tilde{r}_i) = DUPGWA(\tilde{r}_i(t_1), \cdots, \tilde{r}_i(t_p)) = \prod_{i=1}^{n} \tilde{r}_i (t_k)^{\frac{\lambda(t_k)(1+T(\tilde{r}_i(t_k)))}{\sum_{i=1}^{n}(1+T(\tilde{r}_i(t_k)))\lambda(t_k)}} \qquad (6\text{-}23)$$

④计算各集结值之间的可能度。由于集结后的信息向量仍然为区间值模糊数，因此可以通过定义 6.2 计算各集结值之间的可能度，具体如下：

$$P(\tilde{a} \geqslant \tilde{b}) = \min\left\{\max\left\{\frac{a^U - b^L}{a^U - a^L + b^U - b^L},\ 0\right\},\ 1\right\} \qquad (6\text{-}24)$$

⑤根据互补判断矩阵的排序公式（徐泽水，2001）计算最后的排序向量，然后根据向量的各分量的大小对方案进行排序。

$$v_i = \frac{1}{m(m-1)}\left(\sum_{j=1}^{m} p_{ij} + \frac{m}{2} - 1\right),\ i \in M \qquad (6\text{-}25)$$

其中：v_i 越大，表明方案 x_i 越优。

根据上述分析可以给出基于不确定幂几何加权平均算子的多阶段动态多准则决策方法的流程图，如图 6-1 所示。

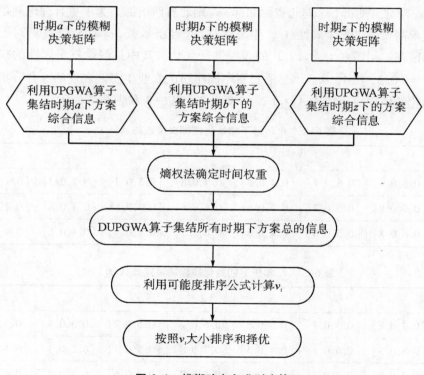

图 6-1　模糊动态多准则决策

6.5 算例分析

为了更好地说明本书提出方法的有效性和合理性，下面给出两个例子来对本书的方法进行验证。

例子 1（Xu & Yager, 2008） 湖北省具有多样性的自然资源，被誉为"鱼米之乡"，然而人口的不断增长和可利用土地的减少，一直制约着农业经济的发展。为了对该省农业经济有一个更好的认识，需要对该省不同的农业经济区域进行综合的评估。基于人文环境和自然环境的差异，湖北省大致可以分为七个农业生态区，分别为：x_1 武汉-鄂州-黄冈，x_2 湖北省东北部，x_3 湖北省东南部，x_4 江汉区域，x_5 湖北省北部，x_6 湖北省西北部，x_7 湖北省西南部。为了更合理地利用农业资源，现需要通过三个属性（c_1 生态效益，c_2 经济效益，c_3 社会效益）对七个农业生态区在三年内（t_1, t_2, t_3）的表现进行评估。其中：假设三个属性的权重向量为 $\omega = (0.3, 0.4, 0.3)^T$。通过对不同年份的农业生态区表现的综合分析，给出初始化的模糊决策矩阵 $\tilde{A}(t_k)$，如表 6-2、表 6-3 和表 6-4 所示。

表 6-2 t_1 年份下初始化模糊决策矩阵 $\tilde{A}(t_1)$

变量	x_1	x_2	x_3	x_4	x_5	x_6	x_7
c_1	[0.8,0.9]	[0.6,0.7]	[0.4,0.5]	[0.7,0.8]	[0.5,0.7]	[0.2,0.3]	[0.4,0.5]
c_2	[0.7,0.8]	[0.5,0.7]	[0.5,0.6]	[0.6,0.8]	[0.7,0.8]	[0.3,0.5]	[0.2,0.5]
c_3	[0.6,0.8]	[0.5,0.6]	[0.4,0.6]	[0.6,0.7]	[0.4,0.5]	[0.4,0.6]	[0.4,0.7]

表 6-3 t_2 年份下初始化模糊决策矩阵 $\tilde{A}(t_2)$

变量	x_1	x_2	x_3	x_4	x_5	x_6	x_7
c_1	[0.7,0.8]	[0.5,0.7]	[0.3,0.5]	[0.6,0.7]	[0.5,0.7]	[0.3,0.4]	[0.3,0.5]
c_2	[0.8,0.9]	[0.6,0.7]	[0.4,0.5]	[0.7,0.8]	[0.5,0.7]	[0.2,0.4]	[0.4,0.6]
c_3	[0.7,0.9]	[0.4,0.5]	[0.3,0.6]	[0.5,0.7]	[0.4,0.6]	[0.4,0.5]	[0.4,0.5]

表 6-4 t_3 年份下初始化模糊决策矩阵 $\tilde{A}(t_3)$

变量	x_1	x_2	x_3	x_4	x_5	x_6	x_7
c_1	[0.6,0.7]	[0.4,0.6]	[0.2,0.4]	[0.7,0.8]	[0.5,0.6]	[0.2,0.3]	[0.5,0.6]
c_2	[0.7,0.9]	[0.5,0.7]	[0.3,0.6]	[0.8,0.9]	[0.4,0.5]	[0.3,0.5]	[0.2,0.3]

表6-4(续)

变量	x_1	x_2	x_3	x_4	x_5	x_6	x_7
c_3	$[0.8,0.9]$	$[0.6,0.7]$	$[0.4,0.6]$	$[0.4,0.7]$	$[0.6,0.7]$	$[0.3,0.6]$	$[0.7,0.8]$

为了统一量纲，根据公式（6-18）对不同时期下的模糊初始化决策矩阵 $\tilde{A}(t_k)$ 进行规范化处理，可得标准化模糊决策矩阵 $\tilde{A}'(t_k) = (\tilde{x}'_{ij}(t_k))_{m \times n}$，如表6-5、表6-6 和表6-7 所示。

表6-5 t_1 年份下规范化模糊决策矩阵 $\tilde{A}'(t_1)$

变量	x_1	x_2	x_3	x_4	x_5	x_6	x_7
c_1	$[0.18,0.25]$	$[0.14,0.19]$	$[0.09,0.14]$	$[0.16,0.22]$	$[0.11,0.19]$	$[0.05,0.08]$	$[0.09,0.14]$
c_2	$[0.15,0.23]$	$[0.11,0.20]$	$[0.11,0.17]$	$[0.13,0.23]$	$[0.15,0.23]$	$[0.06,0.14]$	$[0.04,0.14]$
c_3	$[0.13,0.24]$	$[0.11,0.18]$	$[0.09,0.18]$	$[0.13,0.21]$	$[0.09,0.15]$	$[0.09,0.18]$	$[0.09,0.21]$

表6-6 t_2 年份下规范化模糊决策矩阵 $\tilde{A}'(t_2)$

变量	x_1	x_2	x_3	x_4	x_5	x_6	x_7
c_1	$[0.16,0.25]$	$[0.12,0.22]$	$[0.07,0.16]$	$[0.14,0.22]$	$[0.12,0.22]$	$[0.07,0.13]$	$[0.07,0.16]$
c_2	$[0.17,0.25]$	$[0.13,0.19]$	$[0.09,0.14]$	$[0.15,0.22]$	$[0.11,0.19]$	$[0.04,0.11]$	$[0.09,0.17]$
c_3	$[0.16,0.29]$	$[0.09,0.16]$	$[0.07,0.19]$	$[0.12,0.23]$	$[0.09,0.19]$	$[0.09,0.16]$	$[0.09,0.16]$

表6-7 t_3 年份下规范化模糊决策矩阵 $\tilde{A}'(t_3)$

变量	x_1	x_2	x_3	x_4	x_5	x_6	x_7
c_1	$[0.15,0.23]$	$[0.10,0.19]$	$[0.05,0.13]$	$[0.18,0.26]$	$[0.13,0.19]$	$[0.05,0.10]$	$[0.13,0.19]$
c_2	$[0.16,0.28]$	$[0.11,0.22]$	$[0.07,0.19]$	$[0.18,0.28]$	$[0.09,0.16]$	$[0.07,0.09]$	$[0.05,0.09]$
c_3	$[0.16,0.24]$	$[0.12,0.18]$	$[0.08,0.16]$	$[0.08,0.18]$	$[0.12,0.18]$	$[0.06,0.16]$	$[0.14,0.21]$

根据标准化的模糊决策矩阵 $\tilde{A}'(t_k) = (\tilde{x}'_{ij}(t_k))_{m \times n}$，通过基于不确定幂几何加权平均算子的动态多准则决策方法对备选方案进行评估，可以得到最后的方案排序。具体的评估步骤如下：

步骤1 根据规范化后的模糊标准化决策矩阵 $\tilde{A}'(t_k) = (\tilde{x}'_{ij}(t_k))_{m \times n}$，利用不确定幂几何加权平均算子 UPGWA_ω，集结三年内的评估信息，可得不同时期 t_k 下集结信息 $\mathrm{UPGWA}_\omega(t_k) = (U(\tilde{r}_1(t_k)), \cdots, U(\tilde{r}_m(t_k)))^T$，具体如下：

$\mathrm{UPGWA}_\omega(t_1) = ([0.15, 0.24], [0.12, 0.19], [0.10, 0.16],$
$[0.14, 0.22], [0.12, 0.19], [0.06, 0.13], [0.07, 0.16])^T$

$\mathrm{UPGWA}_\omega(t_2) = ([0.17, 0.26], [0.11, 0.19], [0.08, 0.16],$
$[0.14, 0.22], [0.11, 0.20], [0.06, 0.13], [0.08, 0.16])^T$

UPGWA$_\omega(t_3)$ = ([0.16, 0.25], [0.11, 0.20], [0.07, 0.16],

[0.14, 0.24], [0.11, 0.18], [0.06, 0.14], [0.09, 0.15])^T

步骤2　　根据熵权法计算时间权重向量 $\lambda(t)$ = $(\lambda(t_1), \lambda(t_2), \cdots, \lambda(t_p))^T$。在确定时间权重时，评价者认为近期数据较为重要，因此可以取 $\lambda = 0.4$，然后根据非线性规划模型（6-22）可得时间权重为：

$$\lambda(t) = (0.238, 0.323, 0.438)^T$$

步骤3　利用动态不确定幂几何加权平均算子 DUPGWA$_{\lambda(t)}$，考虑时间权重，对各个时期集结后的结果进行再次集结，可得集结向量 DUPGWA$_\omega$ = $(U(\tilde{r}_1), \cdots, U(\tilde{r}_m))^T$，具体如下：

DUPGWA$_\omega$ = ([0.16, 0.25], [0.11, 0.20], [0.08, 0.16],

[0.14, 0.23], [0.11, 0.19], [0.06, 0.13], [0.08, 0.16])^T

步骤4　根据区间模糊数可能度计算公式（6-24），可得可能度矩阵 P = $(p_{ij})_{m \times m}$，具体如下：

$$(p_{ij})_{m \times m} = \begin{bmatrix} 0.5 & 0.208 & 0.006 & 0.388 & 0.168 & 0.000 & 0.000 \\ 0.792 & 0.5 & 0.282 & 0.674 & 0.466 & 0.125 & 0.270 \\ 0.994 & 0.718 & 0.5 & 0.878 & 0.690 & 0.366 & 0.501 \\ 0.612 & 0.326 & 0.122 & 0.5 & 0.289 & 0.000 & 0.102 \\ 0.832 & 0.534 & 0.310 & 0.711 & 0.5 & 0.151 & 0.299 \\ 1.000 & 0.875 & 0.634 & 1.000 & 0.849 & 0.5 & 0.643 \\ 1.000 & 0.730 & 0.499 & 0.898 & 0.701 & 0.357 & 0.5 \end{bmatrix}$$

步骤5　根据互补判断矩阵的排序公式（6-25）计算最后的排序向量，然后根据向量的各分量的大小对方案进行排序，可得排序向量为

v = (0.196 0, 0.152 2, 0.115 5, 0.179 7, 0.146 8, 0.095 2, 0.114 6)^T

因此，方案的排序为

$$x_1 > x_4 > x_2 > x_5 > x_3 > x_7 > x_6$$

该方法的评估结果与文献（Xu & Yager, 2008）中的评估结果一致，即最优的农业生态区为 x_1 武汉-鄂州-黄冈，其次是 x_4 江汉区域，最差的区域为 x_6 湖北省西北部。该评估结果与实际结果相吻合，说明本章提出的方法是合理有效的。

为了更好地说明本章提出的方法的优势，下面给出算例2。

例子2（Xu, 2008）　某投资公司有一笔资金需要进行最优投资，经过各方面的综合考虑和筛选，需要对五个备选方案 x_1, x_2, x_3, x_4, x_5 进行评估。为了更好地了解该备选方案，现需要通过三个属性 u_1, u_2 和 u_3 对不同的备选方案在三年 t_1, t_2 和 t_3 内的效益进行评估，其中：u_1 和 u_2 为效益型属性，u_3 为成本型属性，属性的评估值由区间值模糊数给出。同时，假设在不同的时期各备选方案的评估属性

的权重值分别为 $\omega(t_1) = (0.40,\ 0.40,\ 0.20)^T$，$\omega(t_2) = (0.40,\ 0.35,\ 0.25)^T$，$\omega(t_3) = (0.40,\ 0.30,\ 0.30)^T$。通过对不同年份的属性分析，给出初始化的模糊决策矩阵 $\tilde{A}(t_i)$，如表6-8、表6-9和表6-10所示。

表6-8　t_1 年份下初始化模糊决策矩阵 $\tilde{A}(t_1)$

变量	x_1	x_2	x_3	x_4	x_5
u_1	[0.70, 0.80]	[0.90, 0.95]	[0.80, 0.90]	[0.90, 1.00]	[0.80, 0.85]
u_2	[0.85, 0.90]	[0.70, 0.75]	[0.85, 0.90]	[0.80, 0.90]	[0.75, 0.80]
u_3	[0.30, 0.50]	[0.40, 0.50]	[0.30, 0.40]	[0.20, 0.30]	[0.50, 0.60]

表6-9　t_2 年份下初始化模糊决策矩阵 $\tilde{A}(t_2)$

变量	x_1	x_2	x_3	x_4	x_5
u_1	[0.80, 0.85]	[0.90, 0.95]	[0.80, 0.90]	[0.85, 0.95]	[0.85, 0.90]
u_2	[0.90, 0.95]	[0.80, 0.85]	[0.70, 0.80]	[0.80, 0.85]	[0.80, 0.90]
u_3	[0.35, 0.45]	[0.35, 0.40]	[0.40, 0.45]	[0.30, 0.50]	[0.55, 0.65]

表6-10　t_3 年份下初始化模糊决策矩阵 $\tilde{A}(t_3)$

变量	x_1	x_2	x_3	x_4	x_5
u_1	[0.90, 0.95]	[0.85, 0.90]	[0.85, 0.95]	[0.90, 0.95]	[0.80, 0.95]
u_2	[0.85, 0.95]	[0.90, 1.00]	[0.75, 0.85]	[0.80, 0.90]	[0.80, 0.85]
u_3	[0.30, 0.35]	[0.30, 0.40]	[0.45, 0.50]	[0.35, 0.45]	[0.45, 0.50]

　　根据初始决策矩阵，通过不确定幂几何加权平均算子的动态多准则决策方法，可以得到最优的决策方案，具体步骤如下：

　　步骤1　根据公式（6-18）对不同时期下的模糊初始化决策矩阵 $\tilde{A}(t_k)$ 进行规范化处理，可得标准化模糊决策矩阵 $\tilde{A}'(t_k)$，如表6-11、表6-12和表6-13所示。

表6-11　t_1 年份下规范化模糊决策矩阵 $\tilde{A}'(t_1)$

变量	x_1	x_2	x_3	x_4	x_5
u_1	[0.155 6, 0.195 1]	[0.200 0, 0.231 7]	[0.177 8, 0.219 5]	[0.222 2, 0.243 9]	[0.177 8, 0.207 3]
u_2	[0.197 7, 0.227 8]	[0.162 8, 0.189 9]	[0.197 7, 0.227 8]	[0.186 0, 0.227 8]	[0.174 4, 0.215 2]
u_3	[0.123 7, 0.289 9]	[0.123 7, 0.217 4]	[0.154 6, 0.289 9]	[0.206 2, 0.434 8]	[0.103 1, 0.173 9]

表 6-12 t_2 年份下规范化模糊决策矩阵 $\tilde{A}'(t_2)$

变量	x_1	x_2	x_3	x_4	x_5
u_1	[0.175 8, 0.202 4]	[0.197 8, 0.226 2]	[0.175 8, 0.214 3]	[0.186 8, 0.226 2]	[0.186 8, 0.214 3]
u_2	[0.206 9, 0.237 5]	[0.183 9, 0.212 5]	[0.160 9, 0.200 0]	[0.183 9, 0.212 5]	[0.183 9, 0.225 0]
u_3	[0.166 3, 0.272 6]	[0.187 0, 0.272 6]	[0.166 3, 0.238 5]	[0.149 6, 0.318 0]	[0.115 1, 0.173 4]

表 6-13 t_3 年份下规范化模糊决策矩阵 $\tilde{A}'(t_3)$

变量	x_1	x_2	x_3	x_4	x_5
u_1	[0.191 5, 0.220 9]	[0.180 9, 0.209 3]	[0.180 9, 0.220 9]	[0.191 5, 0.220 9]	[0.170 2, 0.220 9]
u_2	[0.186 8, 0.231 7]	[0.197 8, 0.243 9]	[0.164 8, 0.207 3]	[0.175 8, 0.219 5]	[0.175 8, 0.207 3]
u_3	[0.204 5, 0.287 9]	[0.179 0, 0.287 9]	[0.143 2, 0.191 9]	[0.159 1, 0.246 7]	[0.143 2, 0.191 9]

步骤 2   根据规范化后的模糊标准化决策矩阵 $\tilde{A}'(t_k) = (\tilde{x}'_{ij}(t_k))_{m \times n}$，利用不确定幂几何加权平均算子 UPGWA_ω，集结三年内的评估信息，可得不同时期 t_k 下集结信息 $\mathrm{UPGWA}_\omega(t_k) = (U(\tilde{r}_1(t_k)), \cdots, U(\tilde{r}_m(t_k)))^T$，具体如下：

$$\mathrm{UPGWA}_\omega(t_1) = ([0.163\ 1, 0.225\ 3], [0.166\ 7, 0.211\ 5],$$
$$[0.180\ 2, 0.235\ 9], [0.203\ 9, 0.267], [0.158, 0.203\ 1])^T$$

$$\mathrm{UPGWA}_\omega(t_2) = ([0.183\ 5, 0.231\ 1], [0.19, 0.232],$$
$$[0.168, 0.215], [0.175\ 6, 0.241\ 1], [0.164\ 4, 0.206\ 7])^T$$

$$\mathrm{UPGWA}_\omega(t_3) = ([0.193\ 8, 0.242\ 8], [0.185\ 3, 0.241\ 5],$$
$$[0.163\ 8, 0.207\ 6], [0.176\ 4, 0.228], [0.163\ 1, 0.207\ 6])^T$$

步骤 3   根据熵权法计算时间权重向量 $\lambda(t) = (\lambda(t_1), \lambda(t_2), \cdots, \lambda(t_p))^T$。在确定时间权重时，评价者比较重视近期数据，因此可以取 $\lambda = 0.3$，然后根据非线性规划模型（6-22）可得时间权重为

$$\lambda(t) = (0.154, 0.292, 0.554)^T$$

步骤 4   利用动态不确定幂几何加权平均算子 $\mathrm{DUPGWA}_{\lambda(t)}$，考虑时间权重，对各个时期集结后的结果进行再次集结，可得集结向量 $\mathrm{DUPGWA}_\omega = (U(\tilde{r}_1), \cdots, U(\tilde{r}_m))^T$ 如下：

$$\mathrm{DUPGWA}_\omega = ([0.185\ 3, 0.236\ 2], [0.183\ 6, 0.233\ 4],$$
$$[0.167\ 7, 0.214\ 3], [0.180\ 3, 0.238\ 1], [0.162\ 7, 0.206\ 6])^T$$

步骤 5   根据区间模糊数可能度计算公式（6-24），可得可能度矩阵 $p = (p_{ij})_{m \times m}$，具体如下：

$$(p_{ij})_{5 \times 5} = \begin{bmatrix} 0.5 & 0.522\,3 & 0.702\,6 & 0.514\,3 & 0.775\,3 \\ 0.477\,7 & 0.5 & 0.681\,5 & 0.493\,5 & 0.754\,5 \\ 0.297\,4 & 0.318\,5 & 0.5 & 0.325\,7 & 0.570\,2 \\ 0.485\,7 & 0.506\,5 & 0.674\,3 & 0.5 & 0.741\,4 \\ 0.224\,7 & 0.245\,5 & 0.429\,8 & 0.258\,6 & 0.5 \end{bmatrix}$$

步骤 6 根据互补判断矩阵的排序公式（6-25）计算最后的排序向量，然后根据向量的各分量的大小对方案进行排序，可得排序向量为

$V = (0.225\,7, \; 0.220\,3, \; 0.175\,6, \; 0.220\,4, \; 0.157\,9)^{T}$

因此，方案的排序为

$$x_1 > x_4 > x_2 > x_3 > x_5$$

为了说明本书方法的合理性和优势，下面给出本章提出方法与其他文献中的方法的对比，如表 6-14 所示。

表 6-14 不同评估方法结果对比

评估方法	方案排序
本书方法	$x_1 > x_4 > x_2 > x_3 > x_5$
Xu（2008）的方法	$x_4 > x_1 > x_2 > x_3 > x_5$
杨威和庞永峰（2011）的方法	$x_1 > x_4 > x_2 > x_3 > x_5$

由表 6-14 可以看出，本书方法的结果和文献［215］中结果一致，与文献［193］的结果相似，说明了本章提出方法的可行性。但由于文献［193］和文献［215］只考虑属性值之间的加权平均，并未考虑属性之间的相互支撑关系，所以不能很好地说明汇总值的精致细微差别。同时，文献（Xu，2008）和文献（杨威和庞永峰，2011）中时间权重只是人为给出的，并未考虑主观因素和客观因素对时间的影响，因此，决策结果不能完全地体现决策者的偏好，不能准确地选择最优方案。而本书给出的方法不仅可以集结决策者在多阶段给出的不确定信息，而且结合模糊集理论考虑了集结模糊信息时不同数据间的支撑程度对权重系数的影响，强化了对模糊信息的处理，使得被评估信息更加贴近实际，比较合理。因此最优方案为 x_1。

6.6 本章小结

在第 5 章中，我们给出了一种确定环境下的多阶段动态多准则决策方法。然而，在现实生活中，由于每个决策者具有不同的偏好结构，加上有些评估属性比较模糊或者抽象以及决策者知识水平有限，决策者往往不愿意给出精确的数值，

而是给出模糊信息。同时，由于属性的性质会随着时间的推移而改变，因此，在进行评估时时间的权重也会对评估结果造成影响。在不确定环境下，为了解决方案属性信息不确定、模糊决策信息分布多个阶段以及传统加权平均算子权重没有考虑集成数据间相互关系等问题，本章提出了一种基于不确定幂几何加权平均算子的多阶段动态多准则决策方法。该方法不仅可以集结决策者在不同评估阶段给出的不确定信息，而且还考虑了集结信息时不同数据间的支撑程度对属性权重系数的影响。同时，为了对计算结果进行评估，本章根据基于可能度的排序方法来选择最优方案，之后通过不同的算例进行分析，说明本书提出方法的有效性和可行性。

7 一种整合异构信息的
群体共识决策方法

在前面章节中，我们给出了几种集结模糊信息的决策方法，并且考虑了数据间相互支撑的关系，但是在现实生活中，在面临许多错综复杂的决策问题时，单一决策者往往很难做出有效决策，因此人们普遍采用群体决策的方式进行问题决策。群决策（group decision-making，GDM）是由一定组织形式的群决策成员，面对共同的环境，为解决存在的问题并达到预定的目标，依赖于一定的决策方法和方案集，按照预先制定的协同模式进行决策活动。在实际群决策问题中，不同决策者的知识、经验和能力通常会存在较大的差异，进而导致其给出的关于备选方案的评价信息存在较大差异。如果在集结决策者个体信息之前不充分考虑其意见间的冲突，可能导致决策结果出现偏差。因此，在基于每位决策者的评价信息来确定备选方案的综合排序之前，我们需要考虑决策者间的共识达成过程，并通过对决策者间意见的不断修改和调整，提升决策者间的共识程度，进而提高决策者对决策结果的满意度。因此，本章以多个决策者的评估信息为出发点，结合模糊集理论和传统群决策方法，给出一种整合异构信息的群体共识决策方法。

7.1 引言

决策问题在决策科学中很重要，有着广泛的应用。Herrera 和 Herrera-Viedma（2000）提出了三个步骤来解决语言信息下的决策问题。Herrera 等（2009）回顾了决策制定中用文字计算（CW）方法的发展。Peng 等（2008）提出了一种多准则凸二次规划模型来分析信用数据。Taha 和 Panchal（2014）提出了一种能源系统决策方法，用于研究利益相关者偏好对多种技术和不确定偏好的影响。Kou 等（2014）开发了一些多准则决策方法来评估金融风险分析的聚类算法。Li 等（2015）提出了一种多属性决策方法作为一种实用有效的方法来满足决策者的不同评估要求。Li、Kou 和 Peng（2015）进一步提出了一种动态模糊多准则决策方法用于性能评估。然而，这些决策方法不能满足日益复杂的评估过程。

在许多情况下，决策问题不只涉及一个决策者，并且在群体决策（GDM）的主题领域下得到广泛研究。GDM 流程的特点是从一组备选方案中选择最佳方案或意见。由于个体有不同的决策偏好，GDM 的一个主要问题是如何将个体决策偏好整合到群体偏好中。基于 GDM 中的聚合算子，一些信息融合的理论和方法得到了回顾和发展（Chang et al.，2006；Chiclana et al.，2007；Xu & Yager，2010；Xu，2011；Xia et al.，2013；Yager & Alajlan，2015；Joshi & Kumar，2016）。然而，在实际情况中，决策者可能来自不同的领域，具有不同的特点，这些往往导致他们发表不同的意见。因此，在决策者之间达成最大程度的共识是 GDM 的一个重要研究课题。

GDM 中的共识过程被定义为迭代和动态的小组讨论过程，帮助专家或决策者拉近他们的意见，使他们的意见更接近（Cabrerizo et al.，2010；Zhang et al.，2014；Xu et al.，2015；Cabrerizo et al.，2015；Chen & Tsai，2015）。当个人意见融入群体意见时，需要高度的群体共识。因此，群体共识过程是指在决策者之间就解决方案的选择获得最大程度的共识的过程。许多研究人员研究了 GDM 的共识方法。例如，Ben-Arieh 和 Chen（2006）在语言 GDM 中提出了两种基于个人专家意见和群体聚合意见的共识模型。Ben-Arieh 等（2009）描述了群体共识的重要性，并提出了最低成本共识模型。Xu（2009）提出了一种自动方法来在清晰的环境下获得小组共识。Dong 和 Xu 等（2010）分析了一些有序加权平均算子之间的内部关系，并提出了连续语言模型下的共识算子。Dong 和 Zhang 等（2010）提出共识指数以确定 AHP 模型中的共识程度。Cabrerizo 等（2014）提出将信息粒度视为支持 GDM 达成共识目标的重要且有用的资产，并提高了共识水平。Ureña 等（2016）提出了一个完全用 R 开发的开源框架，以在 GDM 中进行共识引导，该系统包括可视化 GDM 过程演变的工具。Shen 等（2015）提出了一种自动共识方法来实现群体意见满意度，它允许决策者在直觉模糊环境下修改他们的决策矩阵。Dong 等（2016）提出了一个达成共识的过程来整合动态生成的专家权重，并给出了它在管理非合作行为中的应用。GDM 中也提出了一些其他的共识模型（Herrera-Viedma et al.，2005；Cabrerizo et al.，2013；Sun & Ma，2015）。这些研究在同质性 GDM 中可以获得最大程度的共识。然而，现实生活中的决策问题是复杂的，属性可以是定量的，也可以是定性的，属性的取值可以由实数、区间数、三角模糊数、梯形模糊数等不同的数值类型给出。一个复杂的 GDM 问题往往包含异构信息，以往的研究无法处理异构信息。本书提出了一种融合异构信息的群决策模型，还引入了一种基于个体异质决策矩阵与 GDM 矩阵的偏离度来获取共识解的算法。

异构 GDM 问题可以在三个框架中定义（Pérez et al.，2014）。第一个异构

GDM 框架涉及不同的偏好格式。决策者通过偏好排序、效用函数、乘法偏好关系和模糊偏好关系等不同的偏好关系来表达他们的意见（Herrera et al.，1996；Herrera-Viedma et al.，2002；Fan et al.，2006；Zhang & Guo，2014；Chen et al.，2015；Ureña 等，2015）。当每个专家具有不同水平的知识和与问题相关的背景（Ölçer & Odabaşi，2005；Pérez et al.，2010），或者当专家有不同的语言标签集来评估偏好时，即出现多粒度和不平衡的语言上下文时，就会出现第二个异构 GDM框架（Cabrerizo et al.，2009；Morente-Molinera et al.，2015）。第三个框架侧重于专家的异构表达，用于表达或提供他们对每个备选方案属性的特定偏好。它提供有关属性的信息，这些信息不仅包括清晰或不确定的信息，还包括区间数、模糊数和语言数据。例如，Chou 等（2008）提出了一种模糊简单的加法加权系统来聚合 GDM 下的模糊权重，但在聚合状态下没有考虑专家的共识。Chen 和 Chen（2005）提出了一种新的信息聚合算法，将专家的模糊共识意见组合成异构GDM，但如果 GDM 过程未能达成共识，该方法没有提供调整不一致属性所需的反馈机制。Das 等（2016）用 Atanassov 的直觉模糊集开发了扩展 Bonferroni 均值（EBM）算子来整合异质相关的标准，但 EBM 算子无法捕捉用户想要反映在聚合值中的复杂细微差别。信息被转换为通用格式，这可能导致其中一些信息在评估过程中丢失，为此，Martínez 等（2007）提出了一种模糊评估方法来处理不确定性和管理异构信息。Li（2010）等开发了一种系统的方法来解决具有基于属性评级的信息的异构 GDM，包括语言标签、实数、区间数和模糊数，并提供了所提出的方法与模糊 TOPSIS 之间的比较分析，但是，该方法没有考虑专家意见的共识过程。

　　基于以往的研究成果，本书旨在在第三种异构框架下将异构信息整合到一种新的共识方法中。所提出的共识方法不仅避免了信息丢失的问题，而且还考虑了如果 GDM 过程未能达成共识所需的调整不一致属性的反馈机制。为避免信息丢失，异构信息不应转化为单一形式。由 Yager（2001）提出的功率平均（PA）算子用于将个人意见矩阵集成到群体意见矩阵中，因为它可以捕获用户想要在聚合中反映的复杂细微差别值。PA 算子是一种非线性聚合算子，它不仅可以反映输入数据之间的关系，而且可以衡量这些数据之间的相似性。在信息融合过程中，决策者希望保留自己原有的观点。基于其特点，我们可以使用 PA 算子来整合异构信息，在聚合过程之后提出共识过程。如果每个人的意见都达成共识，则排名应该继续；否则，就使用简单直观的反馈机制来调整不一致的属性，直到个人意见达成共识。在共识过程中，采用偏差度来衡量各个体决策矩阵与集成群决策矩阵的一致性程度，采用中间值法对不一致的属性进行调整。最后，当达成共识时，通过与理想解决方案的相似性进行排序偏好的技术（TOPSIS）用于对异构组决策矩阵进行排序（Hwang & Yoon, 1981）。

　　本章研究的其余部分安排如下：7.2 部分介绍了模糊集和 PA 算子的定义和符号；异构 GDM 中的共识过程、反馈机制和选择过程在 7.3 部分中介绍；7.4 部分用一个数值例子说明了所提出方法的 GDM 过程；7.5 部分介绍了 GDM 与其他集成方法的比较分析；7.6 部分总结了本章研究。

7.2　定义与符号说明

　　本节回顾了模糊数和 PA 算子的一些基本定义和性质。以下基本定义和符号将在本章中使用（除非另有说明）。

　　定义 7.1（Dubois & Prade, 1978）　　假设模糊数 $\tilde{A}_{ti}$ 表示为：$\tilde{A}_{ti} = (a, b, c)$，$0 \leqslant a \leqslant b \leqslant c$，如果其隶属函数 $\mu_{\tilde{A}_{ti}}: R \to [0, 1]$ 满足：

$$\mu_{\tilde{A}_{ti}} = \begin{cases} (x-a)/(b-a), & a \leqslant x < b \\ 1, & x = b \\ (c-x)/(c-b), & b < x \leqslant c \end{cases} \qquad (7\text{-}1)$$

则模糊数 $\tilde{A}_{ti}$ 定义为三角模糊数。

　　定义 7.2（Dubois & Prade, 1978）　　假设模糊数 $\tilde{A}_{ta}$ 表示为：$\tilde{A}_{ta} = (a, b, c, d)$，$0 \leqslant a \leqslant b \leqslant c \leqslant d$，如果其隶属函数 $\mu_{\tilde{A}_{ta}}: R \to [0, 1]$ 满足：

$$\mu_{\tilde{A}_{ta}} = \begin{cases} (x-a)/(b-a), & a \leqslant x \leqslant b \\ 1, & b \leqslant x \leqslant c \\ (d-x)/(d-c), & c \leqslant x \leqslant d \\ 0, & 其他 \end{cases} \qquad (7\text{-}2)$$

则模糊数 $\tilde{A}_{ta}$ 定义为三角模糊数。

　　性质 7.1（Dubois & Prade, 1978）　　假设 $\tilde{A} = (a_1, a_2, \cdots, a_n)$，$\tilde{B} = (b_1, b_2, \cdots, b_n)$ 是两个模糊数，λ 是一个正实数，关于模糊数 $\tilde{A}$ 和 $\tilde{B}$ 的一些运算如下：

　　（1）$\tilde{A} \oplus \tilde{B} = (a_1 + b_1, a_2 + b_2, \cdots, a_n + b_n)$；

　　（2）$\tilde{A} \otimes \tilde{B} = (a_1 b_1, a_2 b_2, \cdots, a_n b_n)$；

　　（3）$\lambda \tilde{A} = (\lambda a_1, \lambda a_2, \cdots, \lambda a_n)$；

　　（4）$\dfrac{\tilde{A}}{\tilde{B}} = (\dfrac{a_1}{b_n}, \dfrac{a_2}{b_{n-1}}, \cdots, \dfrac{a_n}{b_1})$；

　　（5）（欧氏距离）$d(\tilde{A}, \tilde{B}) = \sqrt{\sum_{i=1}^{n} (a_i - b_i)^2}$。

　　定义 7.3（Yager, 2001）　　假设 $a_1, \cdots, a_n$ 是一组数据，幂算子 PA$(a_1,$

…，a_n）定义如下：

$$PA(a_1, \cdots, a_n) = \sum_{i=1}^{n} (1 + T(a_i)) a_i / \sum_{i=1}^{n} (1 + T(a_i)) \qquad (7-3)$$

其中

$$T(a_i) = \sum_{n} Sup(a_i, a_j) \qquad (7-4)$$

Sup（a，b）表示两个数据 a 和 b 之间的支撑度。Sup（a，b）的一些性质如下：① Sup（a，b）$\in$ [0，1]；② Sup（a，b）= Sup（b，a）；③ 当 $|a - b| <$ $|x - y|$ 时，有 Sup（a，b）$\geqslant$ Sup（x，y）。具体地，Sup（a，b）可以看作一个相似度的度量指标。两个数据的值越相似或者越接近，它们就越相互支撑。

定义 7.4　基于定义 7.3，加权幂平均算子 WPA（a_1，$\cdots$，a_n）定义如下：

$$WPA(a_1, \cdots, a_n) = \sum_{i=1}^{n} (1 + T(a_i)) a_i w_i / \sum_{i=1}^{n} w_i (1 + T(a_i)) \qquad (7-5)$$

其中：

$$T(a_i) = \sum_{n} w_j Sup(a_i, a_j) \qquad (7-6)$$

根据 Xu 和 Yager（2010）的研究结论，支撑度 Sup（a_i，a_j）的计算如下：

$$Sup(a_i, a_j) = 1 - \frac{d(a_i, a_j)}{\sum^{n} d(a_i, a_j)} \qquad (7-7)$$

7.3　异构群决策过程

假设 $E = \{e_1, e_2, \cdots, e_k\}$ 表示决策专家的集合，$x = \{x_1, x_2, \cdots, x_m\}$ 是评估方案的集合，$C = \{c_1, c_2, \cdots, c_n\}$ 是评估属性的集合，$V^k = (x_{ij}^k)_{m \times n}$ 表示决策矩阵，其中 x_{ij}^k 表示第 k 个专家 e_k 对方案 x_i 中的属性 c_j 的评估值。在本书中，根据决策专家知识和背景的不同，评估值 x_{ij}^k 由四种不同结构的信息给出，分别为：精确数（S_1）、区间数（S_2）、三角模糊数（S_3）和梯形模糊数（S_4）。假设 S_i 表示一组评估值，则 $S_i \cap S_j = \varnothing$（$i \neq j$），其中 $\varnothing$ 表示空集。本书定义的群决策的过程如图 7-1 所示。

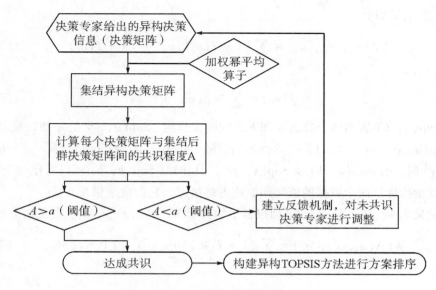

图7-1　异构群决策过程

在群决策过程中，属性可以分为效益型指标和成本型指标。为了统一属性指标的特征，对于任意属性 S_i，其标准化过程如下：

$$\tilde{x}_{ij}^k = \begin{cases} x_{ij}^k \big/ \sum_{i=1}^m x_{ij}^k, & \forall j \in I_1 \\ (1/x_{ij}^k) \big/ (\sum_{i=1}^m (1/x_{ij}^k)), & \forall j \in I_2 \end{cases} \tag{7-8}$$

其中：I_1 代表效益型指标，I_2 代表成本型指标。

根据公式（7-8），假设标准化后的决策矩阵为 $\tilde{V} = (\tilde{V}^1, \tilde{V}^2, \cdots, \tilde{V}^k)$，其中：$\tilde{V}^l = (\tilde{x}_{ij}^l)_{m \times n}$。则根据加权幂平均算子，我们对所有决策矩阵进行集结，得到集结后的群决策矩阵记为 $G\tilde{V} = (g\tilde{x}_{ij})_{m \times n}$。

基于图7-1异构群决策过程，当我们进行个体决策矩阵集结后，群决策过程还需要考虑以下三个阶段：共识过程、反馈过程和方案选择过程。

（1）共识过程

在群决策中，达成共识通常被认为是一个令人满意的结果。因此，需要专家参与讨论，达成共识解决方案。在共识过程中，引入了一种基于个体决策矩阵与群决策矩阵的偏离程度来获得共识解的算法。同时，还给出了预定义的共识可接受性阈值。

定义7.5　假设 $\tilde{V}^l = (\tilde{x}_{ij}^l)_{m \times n}$ 是标准化后的个体决策矩阵，$G\tilde{V} = (g\tilde{x}_{ij})_{m \times n}$ 是由加权幂平均算子集结后的群决策矩阵，则 $\tilde{V}^l$ 和 $G\tilde{V}$ 之间的离差度 $D(\tilde{V}^l, G\tilde{V})$ 定义为

$$D(\widetilde{V}^l,\ G\widetilde{V}) = \frac{1}{mn}\sum_{i=1}^{m}\sum_{j=1}^{n}d(\tilde{x}_{ij}^l,\ g\tilde{x}_{ij}) \qquad (7\text{-}9)$$

根据定义 7.5，个体决策矩阵与群体决策矩阵的一致性程度定义如下：

定义 7.6　假设 $\widetilde{V}^l = (\tilde{x}_{ij}^l)_{m\times n}$ 是标准化后的个体决策矩阵，$G\widetilde{V} = (g\tilde{x}_{ij})_{m\times n}$ 是由加权幂平均算子集结后的群决策矩阵，则 $\widetilde{V}^l$ 和 $G\widetilde{V}$ 之间的共识度 CD$(\widetilde{V}^l,\ G\widetilde{V})$ 定义为：

$$\mathrm{CD}(\widetilde{V}^l,\ G\widetilde{V}) = \frac{1}{1 + D(\widetilde{V}^l,\ G\widetilde{V})} \qquad (7\text{-}10)$$

由定义 7.6 可知，共识度 CD$(\widetilde{V}^l,\ G\widetilde{V})$ 具有以下性质：1）$0 \leqslant \mathrm{CD}(\widetilde{V}^l,\ G\widetilde{V})$ $\leqslant 1$，当且仅当 $\widetilde{V}^l$ 和 $G\widetilde{V}$ 完全不相似时 CD$(\widetilde{V}^l,\ G\widetilde{V}) = 0$；2）CD$(\widetilde{V}^l,\ G\widetilde{V}) =$ CD$(G\widetilde{V},\ \widetilde{V}^l)$；3）当且仅当 $\widetilde{V}^l$ 和 $G\widetilde{V}$ 完全相似时 CD$(\widetilde{V}^l,\ G\widetilde{V}) = 1$。

在异构群决策中，由于专家的知识水平和背景不同，个人决策矩阵和群体决策矩阵不可能完全相似。因此，可接受共识度的阈值被用来判断每个专家是否达成共识。共识阈值 α 的选择对决策过程的结果非常重要。但是，没有统一的方法来选择共识阈值。基于文献（Herrera-Viedma et al., 2005），当决策非常重要时，可以选择共识阈值具有较高的值，例如可选择 $\alpha = 0.9$ 或较大的值。在另一种情况下，当决策时间比较紧迫、专家们需要快速选择最佳方案时，共识阈值 α 可以选择较低的值，例如可选择 $\alpha = 0.8$ 或较小的值。而且，如果共识度 CD$(\widetilde{V}^l,$ $G\widetilde{V}) \geqslant \alpha$，则说明决策过程已经达成共识；反之，应用反馈机制调整决策矩阵，直到达成共识。

（2）反馈过程

为了达成共识，我们提出了一种基于中间值的客观方法来修改专家意见，具体过程如下：

步骤 1　计算群决策矩阵 $G\widetilde{V} = (g\tilde{x}_{ij})_{m\times n}$ 和非共识矩阵 $\widetilde{V}^u = (\tilde{x}_{ij}^u)_{m\times n}$ 之间的中间值矩阵 $I\widetilde{V}^u = (I\tilde{x}_{ij}^u)_{m\times n}$，其中：

$$I\tilde{x}_{ij}^u = \frac{1}{2}g\tilde{x}_{ij} + \frac{1}{2}\tilde{x}_{ij}^u \qquad (7\text{-}11)$$

步骤 2　设 $I\widetilde{V}^u$ 为修改后的专家意见决策矩阵，然后返回到共识过程确定新的群体决策矩阵 $NG\widetilde{V}$ 和新的共识度 NCD$(I\widetilde{V}^l,\ NG\widetilde{V})$。若共识程度满足 NCD$(I\widetilde{V}^l,\ NG\widetilde{V}) \geqslant \alpha$，则决策过程已达成共识；相反，应返回反馈过程中的步骤 1。

明显地，修改后的决策矩阵向群决策矩阵靠拢，迭代过程可以提高决策专家间的共识度。当决策过程达成共识后，给出基于异构 TOPSIS 的方案选择过程。

（3）方案选择过程

假设 $G\tilde{V} = (g\tilde{x}_{ij})_{m \times n}$ 为达成共识后的群体集结矩阵，则基于异构 TOPSIS 的方案选择过程如下：

步骤 1　基于最终的群体集结矩阵，选择正理想解 $g\tilde{x}^+$（HPIS）和负理想解 $g\tilde{x}^-$（HNIS），其中：

当 $g\tilde{x}_{ij} \in S_1$（精确数）时，

$$g\tilde{x}^{s_1+} = \max_i g\tilde{x}_{ij} , \quad g\tilde{x}^{s_1-} = \min_i g\tilde{x}_{ij} . \tag{7-12}$$

当 $g\tilde{x}_{ij} \in S_2$（区间模糊数）时，

$$g\tilde{x}^{s_2+} = \left[\max_i g\tilde{x}^l_{ij} , \ \max_i g\tilde{x}^r_{ij} \right] , \quad g\tilde{x}^{s_2-} = \left[\min_i g\tilde{x}^l_{ij} , \ \min_i g\tilde{x}^r_{ij} \right] \tag{7-13}$$

当 $g\tilde{x}_{ij} \in S_3$（三角模糊数）时，

$$g\tilde{x}^{s_3+} = \left(\max_i g\tilde{x}^l_{ij} , \ \max_i g\tilde{x}^m_{ij} , \ \max_i g\tilde{x}^r_{ij} \right) ,$$
$$g\tilde{x}^{s_3-} = \left(\min_i g\tilde{x}^l_{ij} , \ \min_i g\tilde{x}^m_{ij} , \ \min_i g\tilde{x}^r_{ij} \right) \tag{7-14}$$

当 $g\tilde{x}_{ij} \in S_4$（梯形模糊数）时，

$$g\tilde{x}^{s_4+} = \left(\max_i g\tilde{x}^l_{ij} , \ \max_i g\tilde{x}^{m_1}_{ij} , \ \max_i g\tilde{x}^{m_2}_{ij} , \ \max_i g\tilde{x}^r_{ij} \right) ,$$
$$g\tilde{x}^{s_4-} = \left(\min_i g\tilde{x}^l_{ij} , \ \min_i g\tilde{x}^{m_1}_{ij} , \ \min_i g\tilde{x}^{m_2}_{ij} , \ \min_i g\tilde{x}^r_{ij} \right) \tag{7-15}$$

步骤 2　计算每个备选方案与异构正理想解之间的距离 D_i^+ 以及每个备选方案与异构负理想解之间的距离 D_i^-，其中：

$$D_i^+ = \sum_{j=1}^{n} d(g\tilde{x}_{ij}, \ g\tilde{x}_j^+) , \quad i = 1, 2, \cdots, m \tag{7-16}$$

$$D_i^- = \sum_{j=1}^{n} d(g\tilde{x}_{ij}, \ g\tilde{x}_j^-) , \quad i = 1, 2, \cdots, m \tag{7-17}$$

步骤 3　计算理想解之间的相似度 $\tilde{S}_i$：

$$\tilde{S}_i = \frac{D_i^-}{D_i^+ + D_i^-} , \quad i = 1, 2, \cdots, m \tag{7-18}$$

步骤 4　按照 $\tilde{S}_i$ 的降序排序，选出最佳决策方案。

7.4　数值示例分析

本节考虑供应商选择的数值示例来说明所提出的方法（Wan & Li，2014）。假设一家汽车公司需要选择合适的供应商采购一些汽车零部件，邀请三位专家 e_1，e_2 和 e_3 对 5 个汽车零部件供应商 A_1，A_2，A_3，A_4 和 A_5 进行评估，其中决策专家的权重分别为 $(\omega_1, \omega_2, \omega_3) = (0.3, 0.3, 0.4)^T$。在评估过程中，主要从五个属性对汽车零部件供应商来分析，分别是 C_1（产品质量）、C_2（技术水平）、C_3（灵活性）、C_4（交货时间）和 C_5（价格）。其中：属性 C_1、C_2、C_3 和 C_4 是效益型指标，C_5 是成本型指标。在该评估过程中，由于决策环境比较复杂，属性值用多种类型进行表示，包括梯形模糊数、三角模糊数、区间数和实数。在对 5 家供应商进行评估分析后，三位专家的属性评估结果如表 7-1、表 7-2、表 7-3 所示。

表 7-1 专家 e_1 给出的评估结果 V^1

指标	A_1	A_2	A_3	A_4	A_5
C_1	(3, 4, 5, 6)	(6, 7, 8, 9)	(5, 6, 7, 8)	(1, 2, 3, 4)	(2, 3, 4, 5)
C_2	(70, 90, 92)	(30, 80, 90)	(50, 60, 85)	(75, 80, 95)	(80, 85, 95)
C_3	[4, 10]	[7, 9]	[4, 9]	[6, 10]	[2, 8]
C_4	[65, 88]	[87, 90]	[45, 58]	[70, 90]	[92, 95]
C_5	119	110	120	118	100

表 7-2 专家 e_2 给出的评估结果 V^2

指标	A_1	A_2	A_3	A_4	A_5
C_1	(5, 6, 7, 8)	(2, 3, 4, 5)	(3, 4, 5, 6)	(1, 2, 3, 4)	(6, 7, 8, 9)
C_2	(80, 85, 95)	(50, 60, 85)	(30, 80, 90)	(75, 80, 95)	(70, 90, 92)
C_3	[4, 7]	[5, 8]	[3, 6]	[7, 9]	[8, 10]
C_4	[75, 88]	[87, 90]	[45, 58]	[66, 87]	[89, 95]
C_5	120	118	115	108	119

表 7-3 专家 e_3 给出的评估结果 V^3

指标	A_1	A_2	A_3	A_4	A_5
C_1	(5, 6, 7, 8)	(3, 5, 6, 7)	(4, 5, 6, 7)	(4, 5, 8, 9)	(1, 4, 6, 7)
C_2	(72, 80, 95)	(50, 60, 85)	(74, 80, 85)	(65, 70, 81)	(82, 84, 92)
C_3	[6, 8]	[6, 8]	[7, 10]	[5, 7]	[3, 6]
C_4	[75, 89]	[82, 90]	[78, 86]	[66, 78]	[65, 90]
C_5	111	116	110	120	105

将异构 GDM 应用于解决供应商选择问题时，具体的评估过程如下所示：

步骤 1 利用式（7-8）和模糊数运算对决策矩阵进行归一化处理，得到归一化后的决策矩阵如表 7-4、表 7-5 和表 7-6 所示。

表 7-4　专家 e_1 给出的归一化后的决策矩阵 $\tilde{V}^1$

指标	A_1	A_2	A_3	A_4	A_5
C_1	(0.094,0.148, 0.227,0.353)	(0.188,0.259, 0.364,0.529)	(0.156,0.222, 0.318,0.471)	(0.031,0.074, 0.136,0.235)	(0.063,0.111, 0.182,0.294)
C_2	(0.153,0.228, 0.302)	(0.066,0.203, 0.295)	(0.109,0.152, 0.279)	(0.164,0.203, 0.311)	(0.175,0.215, 0.311)
C_3	[0.087,0.435]	[0.152,0.391]	[0.087,0.391]	[0.130,0.435]	[0.043,0.348]
C_4	[0.154,0.245]	[0.207,0.251]	[0.107,0.162]	[0.166,0.251]	[0.219,0.265]
C_5	0.190	0.205	0.188	0.191	0.226

表 7-5　专家 e_2 给出的归一化后的决策矩阵 $\tilde{V}^2$

指标	A_1	A_2	A_3	A_4	A_5
C_1	(0.156,0.222, 0.318,0.471)	(0.063,0.111, 0.182,0.294)	(0.094,0.148, 0.227,0.353)	(0.031,0.074, 0.136,0.235)	(0.188,0.259, 0.364,0.529)
C_2	(0.175,0.215, 0.311)	(0.109,0.152, 0.279)	(0.066,0.203, 0.295)	(0.164,0.203, 0.311)	(0.153,0.228, 0.302)
C_3	[0.100,0.259]	[0.125,0.296]	[0.075,0.222]	[0.175,0.333]	[0.200,0.370]
C_4	[0.179,0.243]	[0.208,0.249]	[0.108,0.160]	[0.158,0.240]	[0.213,0.262]
C_5	0.193	0.196	0.201	0.215	0.195

表 7-6　专家 e_3 给出的归一化后的决策矩阵 $\tilde{V}^3$

指标	A_1	A_2	A_3	A_4	A_5
C_1	(0.132,0.182, 0.280,0.471)	(0.079,0.152, 0.240,0.412)	(0.105,0.152, 0.240,0.418)	(0.105,0.152, 0.320,0.529)	(0.026,0.121, 0.240,0.412)
C_2	(0.164,0.214, 0.277)	(0.114,0.160, 0.248)	(0.169,0.214, 0.248)	(0.148,0.187, 0.236)	(0.187,0.225, 0.268)
C_3	[0.154,0.296]	[0.154,0.296]	[0.179,0.370]	[0.128,0.259]	[0.077,0.222]
C_4	[0.173,0.243]	[0.189,0.246]	[0.180,0.235]	[0.152,0.213]	[0.150,0.246]
C_5	0.202	0.193	0.204	0.187	0.214

步骤 2　将归一化后的决策矩阵用 WPA 算子、式（7-6）、式（7-7）进行集结，得到如表 7-7 所示的群决策矩阵。

表 7-7 集结后的群决策矩阵 $G\tilde{V}$

指标	A_1	A_2	A_3	A_4	A_5
C_1	(0. 128,0. 184, 0. 276,0. 435)	(0. 107,0. 172, 0. 260,0. 411)	(0. 117,0. 172, 0. 260,0. 411)	(0. 061,0. 105, 0. 210,0. 353)	(0. 086,0. 160, 0. 260,0. 411)
C_2	(0. 164,0. 219, 0. 295)	(0. 098,0. 170, 0. 272)	(0. 119,0. 192, 0. 272)	(0. 158,0. 196, 0. 281)	(0. 173,0. 223, 0. 291)
C_3	[0. 117,0. 327]	[0. 144,0. 325]	[0. 119,0. 332]	[0. 143,0. 335]	[0. 104,0. 306]
C_4	[0. 169,0. 244]	[0. 200,0. 248]	[0. 136,0. 191]	[0. 158,0. 233]	[0. 190,0. 257]
C_5	0. 196	0. 198	0. 198	0. 197	0. 212

步骤 3 利用公式 (7-9) 和公式 (7-10) 计算每个归一化后的决策矩阵与群决策矩阵 $G\tilde{V}$ 的共识度，得到如下结果：

$$CD(\tilde{V}^1, G\tilde{V}) = 0.945 , CD(\tilde{V}^2, G\tilde{V}) = 0.950 , CD(\tilde{V}^3, G\tilde{V}) = 0.959$$

因为供应商选择对汽车公司来说是很重要的，所以本书选择一个较大的共识阈值 α 以便提升决策专家间共识的水平度。因此，在这个决策过程中，我们选择 $\alpha = 0.955$。

根据步骤 3 的结果，我们发现第一个和第二个专家没有达成共识。因此，在步骤 4 中应用反馈机制来调整决策专家给出的初始归一化决策矩阵。

步骤 4 根据式 (7-11) 计算群决策矩阵与非共识矩阵的中间值矩阵 $I\tilde{V}^u = (I\tilde{x}_{ij}^u)_{m \times n}$，并通过 WPA 算子、公式 (7-6)、公式 (7-7) 计算新的群决策矩阵 $NG\tilde{V}$，因此，我们得到中间值矩阵 $I\tilde{V}^1$ 和 $I\tilde{V}^2$，以及群决策矩阵 $NG\tilde{V}$ 如表 7-8、表 7-9、表 7-10 所示。

表 7-8 第一个非共识决策专家的中间值矩阵 $I\tilde{V}^1$

指标	A_1	A_2	A_3	A_4	A_5
C_1	(0. 111,0. 166, 0. 252,0. 394)	(0. 147,0. 216, 0. 312,0. 470)	(0. 137,0. 197, 0. 289,0. 441)	(0. 046,0. 090, 0. 173,0. 294)	(0. 074,0. 136, 0. 221,0. 353)
C_2	(0. 159,0. 223, 0. 298)	(0. 082,0. 187, 0. 283)	(0. 114,0. 172, 0. 275)	(0. 161,0. 199, 0. 296)	(0. 174,0. 219, 0. 301)
C_3	[0. 102,0. 381]	[0. 148,0. 358]	[0. 103,0. 362]	[0. 137,0. 385]	[0. 074,0. 327]
C_4	[0. 162,0. 244]	[0. 203,0. 249]	[0. 122,0. 176]	[0. 162,0. 242]	[0. 204,0. 261]
C_5	0. 193	0. 202	0. 193	0. 194	0. 219

表 7-9　第二个非共识决策专家的中间值矩阵 $I\tilde{V}^2$

指标	A_1	A_2	A_3	A_4	A_5
C_1	(0.142,0.203, 0.297,0.453)	(0.085,0.142, 0.221,0.353)	(0.105,0.160, 0.244,0.382)	(0.046,0.090, 0.173,0.294)	(0.137,0.210, 0.312,0.470)
C_2	(0.170,0.217, 0.303)	(0.104,0.161, 0.275)	(0.093,0.197, 0.283)	(0.161,0.199, 0.296)	(0.163,0.225, 0.297)
C_3	[0.108,0.293]	[0.135,0.311]	[0.097,0.277]	[0.159,0.334]	[0.152,0.338]
C_4	[0.174,0.243]	[0.204,0.248]	[0.122,0.175]	[0.158,0.237]	[0.201,0.259]
C_5	0.194	0.197	0.200	0.206	0.203

表 7-10　新的群决策矩阵 $NG\tilde{V}$

指标	A_1	A_2	A_3	A_4	A_5
C_1	(0.128,0.184, 0.277,0.442)	(0.101,0.168, 0.256,0.411)	(0.115,0.168, 0.256,0.412)	(0.070,0.114, 0.232,0.388)	(0.075,0.152, 0.256,0.411)
C_2	(0.164,0.218, 0.291)	(0.101,0.169, 0.267)	(0.129,0.196, 0.267)	(0.156,0.195, 0.272)	(0.176,0.223, 0.287)
C_3	[0.124,0.321]	[0.146,0.319]	[0.131,0.339]	[0.140,0.320]	[0.099,0.289]
C_4	[0.170,0.244]	[0.198,0.248]	[0.145,0.199]	[0.157,0.229]	[0.182,0.254]
C_5	0.196	0.197	0.199	0.195	0.212

步骤 5　利用公式（7-9）和公式（7-10）计算各调整后的中间值矩阵与新的群决策矩阵的共识程度，得到如下结果：

$$\mathrm{CD}(I\tilde{V}^1,\ NG\tilde{V}) = 0.966,\ \mathrm{CD}(I\tilde{V}^2,\ NG\tilde{V}) = 0.969$$

由于 $\mathrm{CD}(I\tilde{V}^1,\ NG\tilde{V}) > \alpha$ 和 $\mathrm{CD}(I\tilde{V}^2,\ NG\tilde{V}) > \alpha$（$\alpha$ 为共识阈值，且 $\alpha = 0.955$），至此，所有的专家都达成了共识，我们可以进行供应商选择过程。因此，我们给出基于异构 TOPSIS 的选择过程。

步骤 6　基于新的群体共识后的群决策矩阵 $NG\tilde{V}$，我们可以通过式（7-12）～（7-15）选择 $\mathrm{HPIS}g\tilde{x}^+$ 和 $\mathrm{HNIS}g\tilde{x}^-$，得到的结果如下：

HPIS：

$$g\tilde{x}^+ = ((0.128,\ 0.184,\ 0.277,\ 0.442),\ (0.176,\ 0.223,\ 0.291),$$
$$[0.146,\ 0.339],\ [0.198,\ 0.254],\ 0.212)^T$$

HNIS：

$$g\tilde{x}^- = ((0.070,\ 0.114,\ 0.232,\ 0.388),\ (0.101,\ 0.169,\ 0.267),$$
$$[0.099,\ 0.289],\ [0.145,\ 0.199],\ 0.195)^T$$

步骤7　根据公式（7-16）和公式（7-17）计算每个备选方案与异构正理想解之间的距离 D_i^+ 以及每个备选方案与异构负理想解之间的距离 D_i^-，得到的结果如下：

$$D_1^+ = 0.087，D_2^+ = 0.186，D_3^+ = 0.205，D_4^+ = 0.240，D_5^+ = 0.162$$

$$D_1^- = 0.291，D_2^- = 0.201，D_3^- = 0.182，D_4^- = 0.144，D_5^- = 0.229$$

步骤8　计算理想解之间的相似度 $\tilde{S}_i$，得到的结果如下：

$$\tilde{S}_1 = 0.770，\tilde{S}_2 = 0.520，\tilde{S}_3 = 0.470，\tilde{S}_4 = 0.375，\tilde{S}_5 = 0.585$$

步骤9　按照 $\tilde{S}_i$ 的降序排序，选出最佳决策方案，得到的结果如下：

$$A_1 > A_5 > A_2 > A_3 > A_4$$

因此，汽车零部件的最佳供应商是 A_1。

7.5　对比分析

本节主要是通过对比分析来验证本书所提方法的有效性。

首先，将所提出的模型与参考文献（Xu，2009）中提出的共识模型进行了比较。在上一节供应商选择示例的共识过程中，比较模型的可接受相似度阈值设置为 0.947。在选择过程中，将异构 TOPSIS 应用于比较模型，以保持处理信息的一致性。对比结果如表 7-11 所示。

表 7-11　提出方法与文献（Xu，2009）中方法对比分析

项目	提出方法	文献（Xu，2009）中方法
原始数据下未达到共识的矩阵个数	2	2
迭代次数	1	1
评估结果	（0.770，0.520，0.470，0.375，0.585）	（0.790，0.559，0.582，0.448，0.605）
排序结果	$A_1 > A_5 > A_2 > A_3 > A_4$	$A_1 > A_5 > A_3 > A_2 > A_4$

可以看出，两种模型产生了相同的排名靠前的供应商。非共识矩阵的数量和迭代次数也相同。此外，所提出的方法避免了信息丢失的问题，并且可以在选择过程中计算异构信息。

为了进一步验证所提出的方法的优越性，将其与在使用 GDM 之前将异构信息转换为单一形式的方法进行了比较。简单起见，我们将比较分析方法表示为 THI-1 和 THI-2。

　　THI-1 方法：基于均值方法将异构信息转换为清晰的数字；假设转换后的矩阵记为：$\widetilde{V}_{t1}^1$，$\widetilde{V}_{t1}^2$ 和 $\widetilde{V}_{t1}^3$，且新的集结后的群决策矩阵记为 $G\widetilde{V}_{t1}$，则有 $\widetilde{V}_{t1}^1$，$\widetilde{V}_{t1}^2$，$\widetilde{V}_{t1}^3$ 和 $G\widetilde{V}_{t1}$ 的结果如表 7-12、表 7-13、表 7-14、表 7-15 所示。

表 7-12　转换后的矩阵 $\widetilde{V}_{t1}^1$

指标	A_1	A_2	A_3	A_4	A_5
C_1	0.206	0.345	0.292	0.119	0.162
C_2	0.228	0.188	0.180	0.226	0.234
C_3	0.261	0.272	0.239	0.283	0.196
C_4	0.200	0.229	0.134	0.208	0.242
C_5	0.190	0.205	0.188	0.191	0.226

表 7-13　转换后的矩阵 $\widetilde{V}_{t1}^2$

指标	A_1	A_2	A_3	A_4	A_5
C_1	0.292	0.162	0.206	0.119	0.335
C_2	0.234	0.180	0.188	0.226	0.228
C_3	0.180	0.211	0.149	0.254	0.285
C_4	0.211	0.228	0.134	0.199	0.238
C_5	0.193	0.196	0.201	0.215	0.195

表 7-14　转换后的矩阵 $\widetilde{V}_{t1}^3$

指标	A_1	A_2	A_3	A_4	A_5
C_1	0.266	0.221	0.227	0.277	0.200
C_2	0.218	0.174	0.210	0.191	0.227
C_3	0.225	0.225	0.275	0.194	0.150
C_4	0.208	0.218	0.208	0.183	0.198
C_5	0.202	0.193	0.204	0.187	0.214

表 7-15　新的群决策矩阵 $G\widetilde{V}_{t1}$

指标	A_1	A_2	A_3	A_4	A_5
C_1	0.256	0.237	0.240	0.182	0.229
C_2	0.226	0.180	0.194	0.212	0.229
C_3	0.222	0.235	0.226	0.239	0.204

表7-15（续）

指标	A_1	A_2	A_3	A_4	A_5
C_4	0.207	0.224	0.163	0.195	0.223
C_5	0.196	0.198	0.198	0.197	0.212

THI-2 方法：由于清晰数、区间数和三角模糊数都是梯形模糊数的特殊形式，我们可以将异构信息转换为梯形模糊数；假设转换后的矩阵记为：$\widetilde{V}_{t2}^1$，$\widetilde{V}_{t2}^2$ 和 $\widetilde{V}_{t2}^3$，且新的集结后的群决策矩阵记为 $G\widetilde{V}_{t2}$，则 $\widetilde{V}_{t2}^1$，$\widetilde{V}_{t2}^2$，$\widetilde{V}_{t2}^3$ 和 $G\widetilde{V}_{t2}$ 的结果如表7-16、表7-17、表7-18、表7-19所示。

表 7-16 转换后的矩阵 $\widetilde{V}_{t2}^1$

指标	A_1	A_2	A_3	A_4	A_5
C_1	(0.094,0.148, 0.227,0.353)	(0.188,0.259, 0.364,0.529)	(0.156,0.222, 0.318,0.471)	(0.031,0.074, 0.136,0.235)	(0.063,0.111, 0.182,0.294)
C_2	(0.153,0.228, 0.228,0.302)	(0.066,0.203, 0.203,0.295)	(0.109,0.152, 0.152,0.279)	(0.164,0.203, 0.203,0.311)	(0.175,0.215, 0.215,0.311)
C_3	(0.087,0.087, 0.435,0.435)	(0.152,0.152, 0.391,0.391)	(0.087,0.087, 0.391,0.391)	(0.130,0.130, 0.435,0.435)	(0.043,0.043, 0.348,0.348)
C_4	(0.154,0.154, 0.245,0.245)	(0.207,0.207, 0.251,0.251)	(0.107,0.107, 0.162,0.162)	(0.166,0.166, 0.251,0.251)	(0.219,0.219, 0.265,0.265)
C_5	(0.190,0.190, 0.190,0.190)	(0.205,0.205, 0.205,0.205)	(0.188,0.188, 0.188,0.188)	(0.191,0.191, 0.191,0.191)	(0.226,0.226, 0.226,0.226)

表 7-17 转换后的矩阵 $\widetilde{V}_{t2}^2$

指标	A_1	A_2	A_3	A_4	A_5
C_1	(0.156,0.222, 0.318,0.471)	(0.063,0.111, 0.182,0.294)	(0.094,0.148, 0.227,0.353)	(0.031,0.074, 0.136,0.235)	(0.188,0.259, 0.364,0.529)
C_2	(0.175,0.215, 0.215,0.311)	(0.109,0.152, 0.152,0.279)	(0.066,0.203, 0.203,0.295)	(0.164,0.203, 0.203,0.311)	(0.153,0.228, 0.228,0.302)
C_3	(0.100,0.100, 0.259,0.259)	(0.125,0.125, 0.296,0.296)	(0.075,0.075, 0.222,0.222)	(0.175,0.175, 0.333,0.333)	(0.200,0.200, 0.370,0.370)
C_4	(0.179,0.179, 0.243,0.243)	(0.208,0.208, 0.249,0.249)	(0.108,0.108, 0.160,0.160)	(0.158,0.158, 0.240,0.240)	(0.213,0.213, 0.262,0.262)
C_5	(0.193,0.193, 0.193,0.193)	(0.196,0.196, 0.196,0.196)	(0.201,0.201, 0.201,0.201)	(0.215,0.215, 0.215,0.215)	(0.195,0.195, 0.195,0.195)

表 7-18　转换后的矩阵 $\tilde{V}_{t2}^3$

指标	A_1	A_2	A_3	A_4	A_5
C_1	(0.132,0.182, 0.280,0.471)	(0.079,0.152, 0.240,0.412)	(0.105,0.152, 0.240,0.418)	(0.105,0.152, 0.320,0.529)	(0.026,0.121, 0.240,0.412)
C_2	(0.164,0.214, 0.214,0.277)	(0.114,0.160, 0.160,0.248)	(0.169,0.214, 0.214,0.248)	(0.148,0.187, 0.187,0.236)	(0.187,0.225, 0.225,0.268)
C_3	(0.154,0.154, 0.296,0.296)	(0.154,0.154, 0.296,0.296)	(0.179,0.179, 0.370,0.370)	(0.128,0.128, 0.259,0.259)	(0.077,0.077, 0.222,0.222)
C_4	(0.173,0.173, 0.243,0.243)	(0.189,0.189, 0.246,0.246)	(0.180,0.180, 0.235,0.235)	(0.152,0.152, 0.213,0.213)	(0.150,0.150, 0.246,0.246)
C_5	(0.202,0.202, 0.202,0.202)	(0.193,0.193, 0.193,0.193)	(0.204,0.204, 0.204,0.204)	(0.187,0.187, 0.187,0.187)	(0.214,0.214, 0.214,0.214)

表 7-19　转换后的矩阵 $G\tilde{V}_{t2}$

指标	A_1	A_2	A_3	A_4	A_5
C_1	(0.128,0.184, 0.276,0.435)	(0.107,0.172, 0.260,0.412)	(0.117,0.172, 0.260,0.412)	(0.061,0.105, 0.210,0.353)	(0.086,0.160, 0.260,0.412)
C_2	(0.164,0.218, 0.218,0.295)	(0.098,0.171, 0.171,0.271)	(0.120,0.192, 0.192,0.271)	(0.158,0.196, 0.196,0.281)	(0.173,0.223, 0.223,0.291)
C_3	(0.118,0.118, 0.327,0.327)	(0.145,0.145, 0.325,0.325)	(0.120,0.120, 0.332,0.332)	(0.143,0.143, 0.334,0.334)	(0.104,0.104, 0.304,0.304)
C_4	(0.169,0.169, 0.244,0.244)	(0.200,0.200, 0.248,0.248)	(0.136,0.136, 0.191,0.191)	(0.158,0.158, 0.233,0.233)	(0.189,0.189, 0.256,0.256)
C_5	(0.196,0.196, 0.196,0.196)	(0.198,0.198, 0.198,0.198)	(0.198,0.198, 0.198,0.198)	(0.197,0.197, 0.197,0.197)	(0.212,0.212, 0.212,0.212)

根据表 7-12 到表 7-19 的数据和群决策的过程，我们给出了三种方法间的对比结果，如表 7-20 所示。

表 7-20　提出方法与 THI 方法间的对比分析

项目	提出方法	THI-1 方法	THI-2 方法
原始数据下未达成共识的矩阵个数	2	0	3
迭代次数	1	0	1
评估结果	(0.770,0.520, 0.47,0.375,0.585)	(0.772,0.617, 0.463,0.409,0.679)	(0.741,0.604, 0.409,0.418,0.709)

表7-20(续)

项目	提出方法	THI-1 方法	THI-2 方法
排序结果	$A_1 > A_5 >$ $A_2 > A_3 > A_4$	$A_1 > A_5 >$ $A_2 > A_3 > A_4$	$A_1 > A_5 >$ $A_2 > A_4 > A_3$

表 7-20 显示：①三种方法都产生了相同的可以选择的前两名供应商。这也说明了本书所提出方法的有效性。②在原始数据下未达成共识的矩阵个数方面，虽然本书所提出的方法保留了一些原始的异构决策信息，提高了计算过程中的复杂度，但在非共识矩阵的数量方面还是小于 THI-2 方法的数量。THI-1 方法具有较少数量的非共识矩阵和迭代，但在其决策过程中将异构数据转换为清晰数字时会丢失信息。③在评估结果方面，与其他两种方法相比，使用本书所提出的方法进行供应商选择，其选择结果中备选方案之间的差异更为明显，这样的结果将有助于专家选择最佳供应商。

7.6　本章小结

本节提出了一种整合异构模糊信息的群决策方法，该方法可以找到最合理的决策备选方案。在所提出的方法中，异构数据没有转化为单一形式，而是由 WPA 算子直接整合的。如果没有达成共识，则使用迭代算法开展共识过程和反馈机制来调整个体决策矩阵。此外，采用异构 TOPSIS 方法对备选方案进行排名，来选择最佳方案。供应商选择的数值例子表明，所提出的方法是有效和实用的。最后，将所提出的方法与其他相关方法进行比较，以显示所提出方法的优势。结果显示，与其他三种方法相比，所提出方法得到的排名结果在备选方案之间具有更大的差异，这表明所提出的方法可以在供应商选择过程中提供帮助。

未来的研究方向之一是如何解决 GDM 中的大规模决策者、参与者的问题，例如大规模群体决策中决策者、参与者决策信息的一致性问题以及规模群决策方法在社会网络中的应用。此外，基于异构信息的动态 GDM 方法的构建也是未来的另一个研究方向。

8 基于模糊聚类分析的异构
大规模群体共识决策方法

在第 7 章中，我们以多个决策者的评估信息为出发点，结合模糊集理论和传统群决策方法，给出一种整合异构信息的群体共识决策方法。然而，随着新一代信息技术的飞速发展，越来越多的决策个体可以参与到群决策过程中，使得群决策问题呈现出大规模群体特征，同时，随着参与决策问题的人数增加，群体决策过程的复杂性也相应提高。在群体决策中，参与者的规模和信息的异构性对达成共识的过程有重要影响。为了解决这两个问题，传统方法将大群体划分为小群体，以缩小群体决策的规模，并将异构信息转换为统一的格式来处理异构问题。这些方法面临两个挑战：如何确定合适的小群体分类的多少，以及如何避免或减少转换过程中的信息丢失。为了解决这两个难题，本章构建了基于模糊聚类分析的异构大规模群体共识决策方法，并给出在应急预案选择中的应用。

8.1 引言

群体决策是由多个决策者共同参与，通过将每个决策者中对评估方案的偏好集结为群体偏好，使得决策者对评估方案中的所有方案做出选优或者排序的决策过程（Apesteguia et al.，2012；Yu et al.，2019；Song & Li，2019；Zhang et al.，2020）。群体决策是一个折中的、考虑多方因素的选择，其最大的功效是控制风险，得到满意的决策方案，而非得到最优决策方案。技术和社会需求的增加催生了做出大规模群体决策的新范式。大规模群体决策是一个特殊的群体决策问题，其中大量决策者参与决策过程，对预先建立的评估属性集相关的备选方案发表意见，并进行评估。通常，当决策者的数量超过 20 人时，群体决策过程可以定义为大规模群体决策（Ding et al.，2020）。当突发事件发生时，需要进行快速和有效的应急决策，在该过程中需要考虑多位来自不同领域（如政府部门、救援部队、地质专家、医疗团队、事件发生地代表等）的决策者的意见。

由于不同的教育背景、经验和知识水平，不同领域的决策者会使用不同的信息表达方式表达他们的偏好，这样也会导致在应急决策过程中决策者给出的偏好信息具有异构性，且难以集结，从而导致决策者间达成共识的时间较长，降低了应急救援的时效性。在群体决策过程中，决策者使用不同的信息表达他们的偏好，其异构信息形式可以分为两类（Pérez et al.，2014）：①不同的偏好表示格式。决策者使用不同的偏好关系表达自己的观点，如偏好顺序、效用函数、乘法偏好关系和模糊偏好关系。②不同类型的数字格式。偏好值不仅包括清晰的信息，还包括区间数、模糊数和语言数据。

如何处理决策者提供的异构信息是群体决策中的一个重要研究课题。Herrera Viedma 等（2002）提出了一种针对异构群体决策问题的一致方法，其中偏好信息由不同的偏好结构给出。这种一致性方法可以在没有主持人的情况下自动支持一致性达成过程（CRP），从而避免主持人可能引入 CRP 的主观性。Herrera 等（2005）开发了一个聚合过程来整合异构偏好关系。Fan 等（2006）提出了一种解决异构 GDM 问题的目标规划方法，其中专家对备选方案的意见以两种偏好格式表示。Morente Molinera 等（2015）提出了多粒度模糊语言方法来管理异构语言信息，并使用转换函数使信息同质化。然而这些研究都是基于小规模群体而进行的决策。技术和社会需求的增加导致了大规模的群体决策问题。当决策者的数量增加时，传统小规模的群决策方法很难进行异构信息的集结，并且大规模决策参与者很难达成共识。

针对大规模群体决策问题，张晓和樊治平（2014）考虑参与决策人心理行为的情境，研究了具有属性期望的多属性多标度大群体决策问题。肖子涵等（2018）针对传统大群体决策方法中只考虑决策信息的模糊性而没考虑决策信息的随机性问题，提出了基于云模型的大群体决策方法，解决了由多个小群体组成的不确定性大群体决策问题。韦保磊和谢乃明（2019）提出基于随机模拟和滤波分析的大群体决策方法，论证该方法的收敛性及其在解决大群体决策问题中的优势。Palomares 等（2014）提出了一个适用于管理大规模决策者的共识模型，该模型结合了基于模糊聚类的方案来检测和管理个体间的非合作行为。Dong 等（2018）提出了一种基于自我管理机制的大规模群体达成共识的方法并将其用于大规模的非合作行为中。Song 和 Li（2019）提出了一种具有不完备多粒度概率语言集的大规模群决策方法并给出该方法在可持续供应商选择中的应用情境。

然而，为了提高大规模群体决策的效率，一些研究基于聚类分析技术把大规模群体转化成小规模群体。Zhu 等（2016）研究了异构大规模群体决策中具有双重信息的群体聚类问题，其中异构信息包含判断矩阵中表达的偏好信息和从实际数据或调查结果中获得的参考信息。然而，该方法没有考虑共识达成和方案的选择过程。Zhang 等（2018）提出了基于个人担忧和满意度异构大规模群体决策的共识达成方法，并使用相似度计算异构偏好信息，使用聚类分析方法对大规模群体进行聚类。

虽然已有文献大量研究了异构大规模群体决策（HLSGDM），但仍有一些重要问题有待解决：①如何处理异构大规模群体决策中不同类型的偏好形式，避免共识达成过程中的信息丢失。②在异构大规模群体决策中将大规模群体聚集到较小的群组时，如何确定满意的聚类个数。基于此，本书提出了基于模糊聚类分析的异构大规模群体决策方法，并给出应急预案选择中的应用。在紧急决策情况下，复杂的决策环境和有限的决策知识往往会导致决策参与者偏好的模糊性，并使某些属性难以准确估计。因此，我们选择模糊聚类分析对决策参与者进行聚类分析；在模糊聚类分析过程中，通过 F 统计方法确定满意的组数。本书给出的共识达成过程和反馈机制也是基于令人满意的组数而进行的。同时，为了避免决策过程中的信息丢失，本书利用偏离度来确定不同决策参与者之间的相似程度，并通过算术平均算子进行集结具有相同属性类型的信息，而无须将异构信息转换为统一格式，该集结过程可以处理包含清晰数、区间数和三角模糊数的异构性信息。之后，根据满意的聚类结果，使用与理想解相似的模糊技术（模糊 TOPSIS）对应急预案进行排序。结果显示，该方法适用于需要快速准确决策的应急决策问题。本书的主要创新点是：①利用模糊聚类分析将大量的决策参与者划分为较小的群体，并利用 F 统计量确定异质大规模群体决策中令人满意的聚类数。②为了避免信息丢失，我们使用相似性度量方法来处理异构信息，而不是将其转换为单一形式。

本章的其余部分组织如下。8.2 部分介绍本书中使用的一些定义和符号；8.3 部分介绍群体决策过程中决策矩阵的标准化与矩阵间的相似度量；8.4 部分介绍异构大规模群体决策流程；8.5 部分把提出的群体决策方法应用到应急决策过程中最佳救援计划选择中；8.6 部分将提出的方法与其他方法进行了比较；8.7 部分对本研究进行了总结。

8.2　基本定义和符号

基于前面章节的定义和符号，我们给出模糊数的一些性质（Dubois & Prade, 1987；Zadeh, 1965）。

定义 8.1　假设 X 为论域，$\bar{A}$ 为 X 上的模糊集。把论域 X 中全体模糊集组成的集合定义为 X 的模糊幂集，记作 $F(\bar{A})$。定义 $\mu_{\bar{A}}(x)$ 为 $\bar{A}$ 上的隶属函数，代表模糊集 $\bar{A}$ 中的元素 x 隶属于 $\bar{A}$ 的程度，且满足：$\bar{A} = \{(x, \mu_{\bar{A}}(x)) \mid x \in X\}$。

定义 8.2 假设 $\tilde{A} = [a, b] = \{x \mid 0 \leq a \leq x \leq b\}$ 区间模糊数，$\tilde{A} = (a, b, c)$，$0 \leq a \leq b \leq c$ 是三角模糊数。特别地，当 $a = b$ 时，区间模糊数 $\tilde{A}$ 退化为一个实数。

假设 $\tilde{A}$ 和 $\tilde{B}$ 是两个模糊数，且 $\& \in \{\oplus, -, \otimes, \div, \cdot, \vee, \wedge\}$，则 $\tilde{A} \& \tilde{B}$ 运算的结果仍然是模糊数。特别地，当 $\&$ 是 $\div$ 时，$\tilde{B}$ 是一个非零模糊数。

性质 8.1 给定两个模糊数：$\tilde{A} = (a_1, a_2, \cdots, a_n)$ 和 $\tilde{B} = (b_1, b_2, \cdots, b_n)$，$\lambda$ 是一个正实数，则模糊数 $\tilde{A}$ 和 $\tilde{B}$ 的一些主要运算以及两者之间的距离可以表示为

(1) $\tilde{A} \oplus \tilde{B} = (a_1 + b_1, a_2 + b_2, \cdots, a_n + b_n)$；

(2) $\tilde{A} \otimes \tilde{B} = (a_1 b_1, a_2 b_2, \cdots, a_n b_n)$；

(3) $\lambda \cdot \tilde{A} = (\lambda a_1, \lambda a_2, \cdots, \lambda a_n)$；

(4) $\tilde{A} \div \tilde{B} = (\dfrac{a_1}{b_n}, \dfrac{a_2}{b_{n-1}}, \cdots, \dfrac{a_n}{b_1})$；

(5) $d(\tilde{A}, \tilde{B}) = \sqrt{\sum_{i=1}^{n} (a_i - b_i)^2}$。

定义 8.3 $\mathbf{R} = (r_{ij})_{m \times n}$ 是模糊矩阵，如果 $r_{ij} \in [0, 1]$（$i = 1, 2, \cdots, m; j = 1, 2, \cdots, n$）。

定义 8.4 模糊矩阵 $R = (r_{ij})_{m \times m}$ 是模糊相似矩阵，如果 $r_{ii} = 1$ 且 $r_{ij} = r_{ji}$。

假设 I 为单位矩阵，由定义 8.4 知，模糊相似矩阵 $\mathbf{R} = (r_{ij})_{m \times m}$ 满足：①自反性：（$I \leq R$）；②对称性：（$\mathbf{R}^T = \mathbf{R}$）。

定义 8.5 模糊相似矩阵 $\mathbf{R} = (r_{ij})_{m \times m}$（$i = 1, 2, \cdots, m; j = 1, 2, \cdots, m$）是模糊等价矩阵，如果 $r_{ij} \geq \bigvee_{k=1}^{m} (r_{ik} \wedge r_{kj})$，其中 $\vee$ 和 $\wedge$ 分别表示取大运算和取小运算。（传递性）

定理 8.1 令 $R = (r_{ij})_{m \times m}$（$i = 1, 2, \cdots, m; j = 1, 2, \cdots, m$）是模糊相似矩阵，$t(R) = R^k = R \circ R \circ \cdots \circ R$ 是其传递闭包，其中：$R \circ R = (o_{ij})_{m \times m}$，$o_{ij} = \bigvee_{k=1}^{m} (r_{ik} \wedge r_{kj})$。如果存在两个正整数 k 和 l，$\forall l > k$，有 $R^l = R^k$，则这个传递闭包 $t(R)$ 是一个模糊等价矩阵。

定理 8.1 表明，通过求传递闭包 $t(R)$，可以将模糊相似矩阵改造成为模糊等价矩阵，且改造后的模糊等价矩阵具有传递性，同时有保留了自反性和对称性。

定理 8.2 假设 $\mathbf{R} = (r_{ij})_{m \times m}$（$i = 1, 2, \cdots, m; j = 1, 2, \cdots, m$）是模糊等价矩阵，则对任意的 $\lambda, \mu \in [0, 1]$，且 $\lambda < \mu$，R_μ 所决定的分类中的每一个类都是 R_λ 决定的分类中的某个类的子类。

在决策过程中，令 $x = \{x_1, x_2, \cdots, x_m\}$ 是备选方案的集合，$c = \{c_1, c_2, \cdots, c_n\}$ 是评估属性的集合，x_{ij} 表示第 i 个方案第 j 个属性的评估值，$V = (x_{ij})_{m \times n}$ 是由所有评估值组成的决策矩阵。在决策过程中，属性的量纲往往不同，例如：效益型指标和成本型指标，因此决策过程中要统一量纲，具体如下：

$$\tilde{x}_{ij} = \begin{cases} x_{ij} / \sum_{i=1}^{m} x_{ij}, & \forall j \in I_1 \\ (1/x_{ij}) / \left(\sum_{i=1}^{m} (1/x_{ij}) \right), & \forall j \in I_2 \end{cases} \tag{8-1}$$

其中：I_1 是效益型指标，I_2 是成本型指标。$\widetilde{V} = (\tilde{x}_{ij})_{m \times n}$ 是标准化后的决策矩阵。

定义 8.6（Li et al.，2018）　假设 $\widetilde{V}^k = (\tilde{x}_{ij}^k)_{m \times n}$ 和 $\widetilde{V}^l = (\tilde{x}_{ij}^l)_{m \times n}$ 是两个标准化决策矩阵，则 $\widetilde{V}^k = (\tilde{x}_{ij}^k)_{m \times n}$ 和 $\widetilde{V}^l = (\tilde{x}_{ij}^l)_{m \times n}$ 之间的离差度定义如下：

$$D(\widetilde{V}^k, \widetilde{V}^l) = \frac{1}{mn} \sum_{i=1}^{m} \sum_{j=1}^{n} d(\tilde{x}_{ij}^k, \tilde{x}_{ij}^l) \tag{8-2}$$

定义 8.7（Li et al.，2018）　假设 $\widetilde{V}^k = (\tilde{x}_{ij}^k)_{m \times n}$ 和 $\widetilde{V}^l = (\tilde{x}_{ij}^l)_{m \times n}$ 是两个标准化决策矩阵，则 $\widetilde{V}^k = (\tilde{x}_{ij}^k)_{m \times n}$ 和 $\widetilde{V}^l = (\tilde{x}_{ij}^l)_{m \times n}$ 之间的相似度定义为

$$\text{sim}(\widetilde{V}^k, \widetilde{V}^l) = \frac{1}{1 + D(\widetilde{V}^k, \widetilde{V}^l)} \tag{8-3}$$

其中：相似度 $\text{sim}(\widetilde{V}^k, \widetilde{V}^l)$ 具有以下性质：① $0 \leq \text{sim}(\widetilde{V}^k, \widetilde{V}^l) \leq 1$，当且仅当 $\widetilde{V}^k$ 中的元素 $\tilde{x}_{ij}^k$ 和 $\widetilde{V}^l$ 中的元素 $\tilde{x}_{ij}^l$ 相等时有 $\text{sim}(\widetilde{V}^k, \widetilde{V}^l) = 1$，当两个决策矩阵完全独立或两个决策矩阵之间的距离为无穷大时，相似性度量为 0；② $\text{sim}(\widetilde{V}^k, \widetilde{V}^l) = \text{sim}(\widetilde{V}^l, \widetilde{V}^k)$。

8.3　模糊聚类分析

在统计学和机器学习中有多种聚类分析的方法，聚类分析的目的是方便将数据分组为更简单的子单元（Romesburg，2004）。它的一个主要优点是不假设数据有任何特定的分布。模糊聚类分析主要基于模糊相似矩阵和模糊等价矩阵，将其应用于解决聚类边界不明显的问题中（Höppner et al.，1999）。例如，在应急预案选择中，一些属性无法准确估计，在聚类分析中表现为边界不清，因此可以应用模糊聚类分析对应急决策中的决策者进行聚类。本章的研究主要采用了模糊聚类分析方法，分析大规模群决策中的分组问题，进而实施有效的决策过程。其中，模糊聚类过程的步骤如下所示：

步骤 1　收集原始数据并规范原始数据矩阵

假设 $X = \{x_1, x_2, \cdots, x_m\}$ 是需要聚类的备选方案，每个备选方案都有 n 个

属性，属性的特征可以是效益型指标或成本型指标。为了统一属性指标的特征，需要对任意属性进行归一化处理。因此，原始数据矩阵可以按照公式（8-1）归一化为模糊矩阵。归一化后的模糊矩阵记为 $\widetilde{X}$。

$$\widetilde{X} = (\tilde{x}_{ij})_{m \times n} = \begin{pmatrix} \tilde{x}_{11} & \tilde{x}_{12} & \cdots & \tilde{x}_{1n} \\ \tilde{x}_{21} & \tilde{x}_{22} & \cdots & \tilde{x}_{2n} \\ \vdots & \vdots & & \vdots \\ \tilde{x}_{m1} & \tilde{x}_{m2} & \cdots & \tilde{x}_{mn} \end{pmatrix}$$

其中：$\tilde{x}_{ij}$ 表示归一化后的第 i 个方案的第 j 个属性值。

步骤2 获得模糊相似矩阵

在本章中，应用基于偏离度的相似性度量来获得相似度 $r_{ij} = \text{sim}(\tilde{x}_i, \tilde{x}_j)$。然后，基于相似度计算可以得到模糊相似矩阵 R。

$$R = (R_{ij})_{m \times m} = \begin{pmatrix} r_{11} & r_{12} & \cdots & r_{1m} \\ r_{21} & r_{22} & \cdots & r_{2m} \\ \vdots & \vdots & & \vdots \\ r_{m1} & r_{m2} & \cdots & r_{mm} \end{pmatrix}$$

其中：模糊相似矩阵 R 是一个对称矩阵，且有 $r_{ij} = r_{ji}$ 和 $r_{ii} = 1$。

步骤3 建立模糊等价矩阵

根据定义8.4、定义8.5和定理8.1可知，模糊相似矩阵 R 不满足传递性。为得到模糊等价矩阵，则可由传递闭包 $t(R)$ 确定。本章应用平方法来确定传递闭包。例如，首先计算 $R \circ R = R^2$，$R^2 \circ R^2 = R^4$，$\cdots$，$R^{2i-1} \circ R^{2i-1} = R^{2i}$，当首次出现 $R^k \circ R^k = R^k$ 时，R^k 就是转换闭包 $t(R)$，然后令 $R^* = R^k$，则 R^* 就是模糊等价矩阵，且有：

$$R^* = \begin{pmatrix} r_{11}^* & r_{12}^* & \cdots & r_{1m}^* \\ & r_{22}^* & \cdots & r_{2m}^* \\ & & & \vdots \\ & & & r_{mm}^* \end{pmatrix}$$

根据以上信息可知，模糊等价矩阵满足传递性，且满足自反性和对称性。

步骤4 根据模糊等价矩阵生成动态聚类结果

根据文献（Zadeh，1965）的研究结果和定理8.2，可以通过设置不同的截距水平 λ 对模糊等价矩阵进行截取聚类，其中 $\lambda \in [0, 1]$，并且当 $r_{ij}^* \geq \lambda$，评估单元 x_i 和评估单元 x_j 可以聚在一类。因此，选择 λ 的不同阈值可以生成动态聚类结果。

8.4　异构大规模群体决策过程

传统上，在群体决策过程中，决策者的数量应小于 7。然而，随着科技的发展和社会需求的变化，一些群体决策问题的参与者规模越来越大。当决策者的数量超过 20 时，群体决策过程可以定义为大规模群体决策问题（Ding et al.，2020），此时，很难达成一致意见。一种解决方案是首先应用聚类分析将大量的决策者划分为较小的组，然后在决策者的每个集群内进行共识达成。根据大数定律，在大规模群体决策问题中，当决策者数量增加时，评估结果将变得更加准确。虽然本书在数值例子中只使用了 20 个决策者，但当决策者的数量大于 20 时，该方法是仍然是有用的。

令 $E = \{e_1, e_2, \cdots, e_h\}$ 是应急决策过程中参与决策的决策者集合，$x = \{x_1, x_2, \cdots, x_m\}$ 是应急决策备选方案的集合，$C = \{c_1, c_2, \cdots, c_n\}$ 是评估属性的集合。$V^k = (x_{ij}^k)_{m \times n}$ 决策矩阵，其中：x_{ij}^k 是决策参与者 e_k 对第 i 个应急选择方案第 j 个属性的评估值。在本书中，x_{ij}^k 有三种数据类型：精确数（S_1）、区间模糊数（S_2）和三角模糊数（S_3），且三种类型数据满足 $S_i \cap S_j = \varnothing$，$\varnothing$ 表示空集。属性的评估值可以是效益型指标或者成本型指标，并且对于任何情况，归一化过程都可以通过公式（2）计算。因此，基于上述信息，本章提出的异构大规模群体决策（HLSGDM）过程如图 8-1 所示。

基于图 8-1 的群决策流程和归一化后的标准决策矩阵，我们给出 HLSGDM 的具体计算过程。

步骤 1　模糊聚类分析

在本书中，我们基于模糊聚类分析方法对决策者进行聚类。虽然前期的研究给出了多种大规模群体聚类的方法，但是这些研究并未考虑异构大规模群体决策中将大规模群体聚集到较小的群组时，如何确定满意的聚类个数。因此本书给出了一种基于 F 统计的模糊聚类分析方法，具体过程如下所示：

假设 $\widetilde{V}^k = (\tilde{x}_{ij}^k)_{m \times n}$ 和 $\widetilde{V}^l = (\tilde{x}_{ij}^l)_{m \times n}$ 是决策参与者 e_k 和 e_l 给出的两个标准化决策矩阵，首先，构造 $\widetilde{V}^k = (\tilde{x}_{ij}^k)_{m \times n}$ 和 $\widetilde{V}^l = (\tilde{x}_{ij}^l)_{m \times n}$ 的相似矩阵 $R = (r_{kl})_{h \times h}$：

$$R = (r_{kl})_{h \times h} = \begin{pmatrix} r_{11} & r_{12} & \cdots & r_{1h} \\ r_{21} & r_{22} & \cdots & r_{2h} \\ \vdots & \vdots & & \vdots \\ r_{h1} & r_{h2} & \cdots & r_{hh} \end{pmatrix}$$

其中：$r_{kl} = \text{sim}(\widetilde{V}^k, \widetilde{V}^l)$，$k, l = 1, 2, \cdots, h$ 是基于公式（8-2）和（8-3）计算

得到的决策参与者间的相似度，并且 $R=(R_{kl})_{h\times h}$ 满足定义 8.4 中的自反性和对称性，因此 $R=(R_{kl})_{h\times h}$ 是模糊相似矩阵。

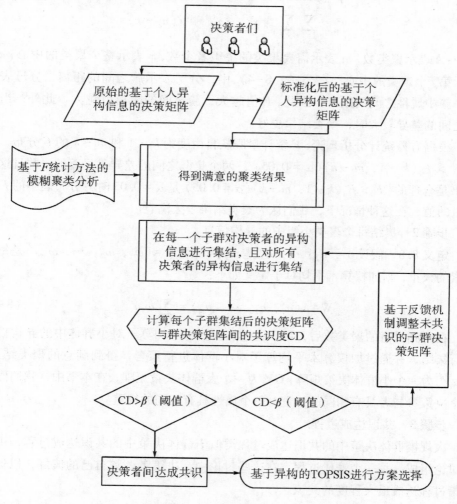

图 8-1 HLSGDM 过程

根据定理 8.1，我们应用平方法来快速确定传递闭包 $t(R)$，例如：$R\circ R=R^2$，$R^2\circ R^2=R^4$，$\cdots$，$R^{2^{i-1}}\circ R^{2^{i-1}}=R^{2^i}$，当第一次出现 $R^k\circ R^k=R^k$，R^k 就是传递闭包 $t(R)$，令 $R^*=R^k$，则 $R^*=(r_{kl}^*)_{h\times h}$ 称为模糊等价矩阵。

之后，基于 Zadeh（1965）的聚类理论，在模糊等价矩阵中，令 $\lambda\in[0,1]$，当 $r_{kl}^*\geqslant\lambda$ 时，e_k 和 e_l 可以聚成一类，因此，可以选择不同的阈值 $\lambda\in[0,1]$ 进行模糊聚类。

然而，这种聚类并未考虑哪种聚类结果是满意的，因此，本书给出基于 F 统计方法建立满意的聚类数，从而确定满意聚类时的 λ。其中 F 统计量为

$$F = \frac{\sum_{j=1}^{k} m_j \parallel \bar{x}^{(j)} - \bar{x} \parallel^2 / (k-1)}{\sum_{j=1}^{k} \sum_{i=1}^{m_j} \parallel x_i^{(j)} - \bar{x}^{(j)} \parallel^2 / (m-k)} \qquad (8-4)$$

其中：k 表示聚类数，m 表示需要聚类的决策者个数，$\bar{x}$ 表示整个聚类的中心，$\bar{x}^{(j)}$ 表示第 j 个聚类的中心。在公式（8-4）中，分子表示簇之间的距离，分母表示同一簇中属性之间的距离。因此，F 值越大，簇之间的距离就越大。此外，当聚类之间的差异较大时，聚类结果更好。

根据方差统计分析理论，F 统计量服从自由度为 $k-1$ 和 $m-k$ 的 F 分布，如果 $F > F_\alpha(k-1, m-k)(\alpha = 0.05)$，两个集群之间的差异是显著的，并且这个结果是合理的。$F > F_\alpha(k-1, m-k)(\alpha = 0.05)$ 是 $\alpha = 0.05$ 时 F 分布表中的 F 统计量的值，在这种情况下，我们认为聚类结果令人满意。

步骤2　集结每个聚类小组中的异构信息

定义8.8　假设 a_1，a_2，$\cdots$，a_m 是 m 个元素，$\omega = (\omega_1, \omega_2, \cdots, \omega_m)^T$ 是每个元素的权重，则加权算术平均算子定义如下：

$$\text{WAA}(a_1, a_2, \cdots, a_m) = \sum_{i=1}^{m} \omega_i a_i \qquad (8-5)$$

在得到满意的聚类数后，可以通过加权算术平均算子对小群体中的异构信息进行集结，并通过加权算术平均算子对小群体进行聚合，得到满意的聚类结果。令 $g\widetilde{V}^i$ 为一个小群体决策矩阵，$G\widetilde{V}$ 为一个大群体决策矩阵，在本书中，我们假设每个决策参与者具有相同的权重，每个属性具有相同的权重。

步骤3　共识达成过程

大规模群体决策中的共识达成过程类似于群体决策中的共识达成过程，由几轮讨论组成，是一个迭代过程。在这些讨论中，决策者调整自己的偏好，以促使决策过程达成最大程度的共识。

首先，计算不同类中每个子群集结后的决策矩阵 $g\widetilde{V}^l = (g\tilde{x}_{ij}^l)_{m \times n}$ 和大群体决策矩阵 $G\widetilde{V} = (G\tilde{x}_{ij})_{m \times n}$，然后计算每个子群集结后的决策矩阵与群决策矩阵间的共识度 $\text{CD}(g\widetilde{V}^l, G\widetilde{V})$，其中：

$$\text{CD}(g\widetilde{V}^l, G\widetilde{V}) = \frac{1}{1 + D(g\widetilde{V}^l, G\widetilde{V})} \qquad (8-6)$$

其次，根据决策环境给定一个共识度阈值 β，如果共识度 $\text{CD}(g\widetilde{V}^i, G\widetilde{V}) \geq \beta$，则异构大规模群体决策过程达成一致。否则，应用反馈机制调整小群体决策矩阵，直到决策过程达成共识。其中，β 是一个共识阈值，用于确定每位专家是否达成共识，但是没有统一的方法来选择共识阈值。通常，当决策过程非常重要时，共识阈值可以指定一个较高的值，例如 $\beta = 0.9$，或更大的值。在其他情况下，共识阈值可以选择较低的值，例如 $\beta = 0.8$。当在进行应急决策时，由于时间紧迫，决策参与者需要快速选择最佳替代方案，因此可以选择较小的值。

步骤 4　反馈机制

当决策过程未达成一致时需要应用反馈机制调整小群体决策矩阵，直到决策过程达成共识。令群体集结后矩阵为 $\boldsymbol{GV} = (\mathrm{G}\tilde{x}_{ij})_{m \times n}$，未达到共识的小群体决策矩阵为 $\tilde{\boldsymbol{V}}^u = (\tilde{x}^u_{ij})_{m \times n}$，我们给出一种带有参数的反馈机制来修正的决策矩阵。假设修正后的决策矩阵为 $I\tilde{x}^u_{ij}$，则有：

$$I\tilde{x}^u_{ij} = \eta \mathrm{G}\tilde{x}_{ij} + (1 - \eta)\tilde{x}^u_{ij} \tag{8-7}$$

其中：$0 \leq \eta \leq 1$，且可根据决策参与者的偏好进行调整，以满足其需求。改进后的小群体决策矩阵更接近群体决策矩阵，因此迭代过程可以提高一致性程度。

步骤 5　基于异构模糊 TOPSIS 方法的选择过程

假设达成共识后，最终的群体集结矩阵为 $\boldsymbol{FG\tilde{V}} = (fg\tilde{x}_{ij})_{m \times n}$，则基于异构模糊 TOPSIS 的选择过程如下：

首先，基于最终的群体集结决策矩阵选择正理想解 $fg\tilde{x}^+$（HPIS）和负理想解 $fg\tilde{x}^-$（HNIS），其中：

当 $fg\tilde{x}_{ij}$ 是精确数时，

$$fg\tilde{x}^{s1+} = \max_i fg\tilde{x}_{ij}，fg\tilde{x}^{s1-} = \min_i fg\tilde{x}_{ij}$$

当 $fg\tilde{x}_{ij}$ 是区间模糊数时，

$$fg\tilde{x}^{s2+} = \left[\max_i fg\tilde{x}^l_{ij}，\max_i fg\tilde{x}^r_{ij}\right]，fg\tilde{x}^{s2-} = \left[\min_i fg\tilde{x}^l_{ij}，\min_i fg\tilde{x}^r_{ij}\right]$$

当 $fg\tilde{x}_{ij}$ 是三角模糊数时，

$$fg\tilde{x}^{s3+} = \left(\max_i fg\tilde{x}^l_{ij}，\max_i fg\tilde{x}^m_{ij}，\max_i fg\tilde{x}^r_{ij}\right)$$

$$fg\tilde{x}^{s3-} = \left(\min_i fg\tilde{x}^l_{ij}，\min_i fg\tilde{x}^m_{ij}，\min_i fg\tilde{x}^r_{ij}\right)$$

其次，分别计算不同方案与正理想解 $fg\tilde{x}^+$ 和负理想解 $fg\tilde{x}^-$ 的距离 DP_i 和 DN_i，其中：

$$\mathrm{DP}_i = \sum_{j=1}^n d(fg\tilde{x}_{ij}，fg\tilde{x}_j^+)，\mathrm{DN}_i = \sum_{j=1}^n d(fg\tilde{x}_{ij}，fg\tilde{x}_j^-)$$

然后，计算理想解之间的相似度 $\tilde{S}_i$，其中：

$$\tilde{S}_i = \frac{\mathrm{DN}_i}{\mathrm{DP}_i + \mathrm{DN}_i}$$

最后按照 $\tilde{S}_i$ 的降序排列备选方案，并选择最佳备选方案。

模糊 TOPSIS 的计算过程较为简单，且容易表示人类的决策偏好，并允许无限数量的标准和这些标准之间的显式权衡。

总之，在异构大规模群体决策中，使用模糊聚类分析将异构的大规模群体聚类为小群体，不仅能得到满意的聚类数，而且保留了原始信息。基于所提出的异构大规模群体决策的特点，它适用于需要快速准确地决策的问题。下一节将提出的异构大规模群体决策方法应用于现实生活中的应急响应计划选择问题中。

8.5　异构大规模群体决策在应急预案选择中的应用

应急决策问题具有严格的时间约束和高度的不确定性。在现实生活中，应急决策通常涉及多个背景各异的决策者，他们的选择往往相互冲突，需要快速有效的群体决策过程。针对应急决策问题，随着参与决策的人数增加，决策过程的复杂性也相应提高，决策者的数量和偏好形式会给应急决策带来困难，尤其是大规模的参与者和偏好信息的异质性对应急决策过程中的决策者达成共识有着重要影响。因此，在面临应急决策问题时，基于决策者提供的异质信息，需要根据决策的实际情况和步骤选择适宜的决策方法。

本节使用了一个从文献（Xu et al.，2015）改编的现实生活中的应急救援计划选择的例子，以验证本书提出异构大规模群体决策方法的有效性。这个例子是关于在应急响应系统下进行选择最佳救援计划的内容。2014 年 9 月 23 日下午 4 点半，云南省宣威市发生煤矿透水事故，在该事故中，八名矿工被困在地下。应急指挥部对事件进行了初步分析，并邀请20 名决策者在有限时间内选择最佳救援计划。共有四种类型的决策者：5 名应急官员，5 名武警，5 名地质专家以及 5 名矿山代表。根据初步分析，5 个方案分别为：计划使用局部爆破和采矿机械、建议使用机械驱动泵从矿井排水、建议使用局部爆破清理，然后让消防人员进行救援、组织武警和消防人员清除障碍物，将矿车开进矿井以及安排挖掘机和深孔钻机。在每个救援计划中，需要考虑三个属性：伤亡率、所需救援时间和救援成本。在实际救援过程中，由于决策环境复杂，决策者的偏好不同，救援成本无法准确估计。因此，它通常用区间模糊数或语言信息来表示。

在本书中，属性值改编自文献（Xu et al.，2015），我们首先根据数据将救援成本转化为语言信息，然后将救援成本从语言信息转化为三角模糊数。在分析了 3 个计划后，20 个决策者使用了不同的类型数据：清晰数、区间数和三角模糊数，并提供了标准的评估结果。决策者原始的偏好数据如附录中表 1 所示。

根据原始的偏好数据，异构大规模群体决策在应急救援方案选择的过程如下：

第一步：模糊聚类分析

①计算模糊相似性矩阵

基于公式（8-2）和公式（8-3），我们得到应急决策参与者间的模糊相似矩阵 R（详见附录表2）。

②计算模糊等价矩阵

根据定理8.1，模糊等价矩阵可以通过传递闭包的方法进行求解，我们应用平方法来快速地确定传递闭包，通过4次运算，我们得到 $t(R) = R^8 = R^8 \circ R^8$，因此模糊等价矩阵为 R^8，具体的模糊等价矩阵 R^* 见附录表3。

③确定聚类个数

基于模糊等价矩阵 R^*，我们使用不同的阈值 λ 得到以下聚类方式：

当 $\lambda = 0.852\ 5$ 时，应急决策参与者可以聚成四类，分别是：

$$\{e_1, e_2, e_3, e_4, e_5, e_6, e_{10}, e_{11}, e_{12}, e_{13}, e_{14}, e_{15},$$
$$e_{16}, e_{18}, e_{20}\}, \{e_7, e_8, e_{17}\}, \{e_9\}, \{e_{19}\};$$

当 $\lambda = 0.868\ 5$ 时，应急决策参与者可以聚成七类，分别是：

$$\{e_1\}, \{e_2, e_3, e_4, e_5, e_6, e_{10}, e_{12}, e_{13}, e_{14}, e_{15},$$
$$e_{16}, e_{18}, e_{20}\} \{e_7, e_8\}, \{e_9\}, \{e_{11}\}, \{e_{17}\}, \{e_{19}\};$$

当 $\lambda = 0.870\ 9$ 时，应急决策参与者可以聚成九类，分别是：

$$\{e_1\}, \{e_2, e_3, e_4, e_5, e_6, e_{13}\}, \{e_7, e_8\}, \{e_9\},$$
$$\{e_{10}, e_{14}, e_{15}, e_{16}, e_{18}, e_{20}\}, \{e_{11}\}, \{e_{12}\}, \{e_{17}\}, \{e_{19}\}。$$

为了确定令人满意的聚类数，根据公式（8-4），本书应用 F 统计方法确定聚类值。F 值越大，簇之间的距离越大。根据 F 分布表，我们可以找到不同聚类中的临界值 F_α（见表8-4）。

表8-4 不同聚类中 F 的值和临界值 F_α

聚类的个数	4	7	9
F	2.397 4	1.999 6	3.720 1
临界值 F_α（$\alpha = 0.05$）	$F_\alpha(3, 16) = 8.69$	$F_\alpha(6, 13) = 3.98$	$F_\alpha(8, 11) = 3.31$

根据方差统计分析理论和表8-4，如果 $F > F_\alpha(k-1, m-k)(\alpha = 0.05)$，在这种情况下，我们认为聚类结果令人满意，因此，确定令人满意的聚类数为9个。

第二步：共识达成过程

对于需要快速准确决策的应急大规模群体决策过程，如果所有人员都参与决策，虽然最终能够达成共识，但耗时可能较长，容易错过最佳救援时间。因此，另一种选择是寻找具有相似经验的最大群体，只考虑他们的意见。换言之，共识达成过程只在大型集群中进行。根据大数定律，在应急大规模群体决策中，当决策参与者的数量增加时，评估结果更准确。在本书中，通过第一步的模糊聚类分析可知，令人满意的聚类数为9。为了确保快速准确的决策，我们考虑了权重相对较大的群体意见。由于前三个群体中的人数占总人数的70%，因此我们使用令人满意的聚类结果中人数最多的前三个小群体来选择五个备选应急方案。

如果决策参与者聚在了一组，我们认为他们彼此间达成了共识。但是组与组间的决策参与者并未达成共识。因此，基于原始的标注化个体决策矩阵，我们将三个小群体中的异构信息进行聚合，并给出三个群组中的信息集结矩阵和群体集结矩阵（见表8-5）。

根据表8-5计算每个小群体决策矩阵和大群体决策矩阵间的共识度，得到结果如下：

$$\mathrm{CD}(G1, \ G) = 0.922, \mathrm{CD}(G2, \ G) = 0.865, \mathrm{CD}(G3, \ G) = 0.930$$

由于应急决策过程中的最佳救援计划对救援人员非常重要，且决策过程中决策参与者之间的共识度越高，决策结果越准确，因此共识阈值 β 应为一个较高的值。在文献（Xu et al., 2015）中，提出共识阈值 β 设定为0.8。我们为了使决策结果更准确，在本书的应急决策过程中选择了一个更高的值（$\beta = 0.9$）。根据每个小群体决策矩阵和大群体决策矩阵间的共识度，我们发现第二个小组没有达成共识（$\mathrm{CD}(G2, \ G) = 0.865 < \beta$）。因此，需要应用反馈机制来调整初始的标准化小群体集结矩阵。

第三步：反馈机制

在反馈过程中，未达成共识的小群体，应基于决策矩阵，通过迭代算法进行修改，假设群体集结后矩阵为 $G\tilde{V} = (G\tilde{x}_{ij})_{m \times n}$，未达成共识的小群体决策矩阵为 $\tilde{V}^u = (\tilde{x}_{ij}^u)_{m \times n}$，则用于修正的决策矩阵可以由公式（8-7）计算得到。因此，第二个标准化小群体决策矩阵应使用带参数的迭代算法进行修改。在这个反馈过程中，我们假设群体决策矩阵和小群体决策矩阵同等重要，所以我们设置 $\eta = 0.5$。表8-6给出了修改后的第二个小群体决策矩阵和群体决策矩阵。

根据表8-6，计算修改后的小群体决策矩阵和大群体决策矩阵间的共识度，得到如下结果：

$$\mathrm{NCD}(G1, \ G) = 0.927, \mathrm{NCD}(G2, \ G) = 0.918, \mathrm{NCD}(G3, \ G) = 0.932$$

由于我们设置的共识阈值 $\beta = 0.9$，每个小组的共识程度都超过了共识阈值。在这种情况下，所有决策参与者都已达成共识，达成共识的迭代次数为2次，比文献（Xu et al., 2015）中使用的三轮迭代次数少。

表 8-5　群组中的信息集结矩阵和群体集结矩阵

G1		C1	C2	C3
	A1	0.352	[0.104, 0.193]	(0.172, 0.353, 0.802)
	A2	0.197	[0.102, 0.191]	(0.086, 0.150, 0.248)
	A3	0.197	[0.174, 0.405]	(0.078, 0.129, 0.195)
	A4	0.114	[0.173, 0.427]	(0.085, 0.142, 0.220)
	A5	0.140	[0.116, 0.298]	(0.124, 0.225, 0.398)

G2		C1	C2	C3
	A1	0.143	[0.188, 0.655]	(0.100, 0.261, 0.732)
	A2	0.201	[0.094, 0.218]	(0.075, 0.174, 0.366)
	A3	0.155	[0.063, 0.131]	(0.100, 0.261, 0.732)
	A4	0.251	[0.042, 0.082]	(0.060, 0.130, 0.244)
	A5	0.251	[0.188, 0.655]	(0.075, 0.174, 0.366)

G3		C1	C2	C3
	A1	0.338	[0.175, 0.334]	(0.091, 0.227, 0.593)
	A2	0.159	[0.139, 0.237]	(0.107, 0.259, 0.661)
	A3	0.131	[0.170, 0.323]	(0.061, 0.125, 0.223)
	A4	0.203	[0.142, 0.240]	(0.105, 0.259, 0.688)
	A5	0.170	[0.129, 0.210]	(0.061, 0.130, 0.266)

G		C1	C2	C3
	A1	0.316	[0.146, 0.319]	(0.127, 0.286, 0.703)
	A2	0.181	[0.117, 0.214]	(0.093, 0.200, 0.442)
	A3	0.162	[0.157, 0.330]	(0.074, 0.146, 0.284)
	A4	0.171	[0.141, 0.298]	(0.090, 0.191, 0.424)
	A5	0.169	[0.132, 0.311]	(0.090, 0.177, 0.337)

表8-6 修改后的小群体决策矩阵和群体决策矩阵

		$G2$		G		
	$C1$	$C2$	$C3$	$C1$	$C2$	$C3$
A1	0.230	[0.167, 0.487]	(0.114, 0.273, 0.717)	0.329	[0.143, 0.295]	(0.129, 0.288, 0.701)
A2	0.191	[0.105, 0.216]	(0.084, 0.187, 0.404)	0.180	[0.118, 0.214]	(0.095, 0.202, 0.447)
A3	0.159	[0.110, 0.231]	(0.087, 0.204, 0.508)	0.163	[0.163, 0.345]	(0.072, 0.138, 0.251)
A4	0.211	[0.091, 0.190]	(0.075, 0.161, 0.334)	0.166	[0.148, 0.313]	(0.092, 0.195, 0.437)
A5	0.210	[0.160, 0.483]	(0.083, 0.175, 0.351)	0.163	[0.128, 0.287]	(0.091, 0.177, 0.335)

第四步：应急救援方案选择

在本过程中，基于异质 TOPSIS 方法选择最佳救援方案。根据表 8-6 中新的群体集结矩阵，可以确定正理想解（HPIS）和负理想解（HNIS）。

$$\text{HPIS} = (0.329, [0.163, 0.345], (0.129, 0.288, 0.701))$$

$$\text{HNIS} = (0.163, [0.118, 0.214], (0.072, 0.138, 0.251))$$

然后计算不同方案与正理想解和负理想解的距离 DP_i 和 DN_i。

$DP_1 = 0.053$，$DP_2 = 0.556$，$DP_3 = 0.642$，$DP_4 = 0.480$，$DP_5 = 0.618$，
$DN_1 = 0.728$，$DN_2 = 0.224$，$DN_3 = 0.138$，$DN_4 = 0.301$，$DN_5 = 0.167$

接着计算理想解之间的相似度 $\tilde{S}_i$：

$S_1 = 0.932$，$S_2 = 0.287$，$S_3 = 0.177$，$S_4 = 0.386$，$S_5 = 0.213$

这五个应急决策备选方案根据 S_i 对应的值按降序排列：

$$A_1 > A_4 > A_2 > A_5 > A_3$$

因此，最好的应急选择方案是 A_1。

8.6　对比分析

本节将使用上一节中的数值示例验证其有效性，并把提出的异构大规模应急群体决策方法与其他方法进行对比分析。

首先，与文献（Xu et al., 2015）中开发的大群体决策模型相比，我们在异构大规模应急群体决策过程中选择了更高的值（$\beta = 0.9$），以平衡事件的重要性和选择的速度。我们还分析了不同共识阈值下的共识决策结果。比较结果见表 8-7。

表 8-7　与文献（Xu et al., 2015）的对比分析

项目		共识阈值	迭代次数	聚类数	排序结果
文献（Xu et al., 2015））		0.80	3	6	$A_5 > A_4 > A_2 > A_1 > A_3$
本书提出的方法	人数排名前三的群组	0.90	1	9	$A_1 > A_4 > A_2 > A_5 > A_3$
		0.80	0	9	$A_1 > A_4 > A_2 > A_5 > A_3$
		0.85	0	9	$A_1 > A_4 > A_2 > A_5 > A_3$
		0.95	2	9	$A_1 > A_4 > A_2 > A_5 > A_3$
	所有群组	0.90	3	9	$A_1 > A_4 > A_2 > A_5 > A_3$

由表8-7可以看出，虽然两种方法的聚类结果不同，但也有一些相似之处。例如，这两种方法都将e_2，e_3，e_4和e_5聚在一组，将e_{14}，e_{16}和e_{18}聚在一组，将e_7和e_8聚在一组中。本书提出的方法侧重于快速救援和快速达成共识，与文献（Xu et al.，2015）中提出的方法相比，本书提出的方法可以帮助应急决策团队以较少的迭代次数达成更高的共识。因此，所提出的异构大规模应急群体决策方法可以帮助应急决策参与者更快地选择最佳救援方案。

同时，我们使用人数最多的前三个小组（第一组、第二组和第三组）来选择最佳救援方案。在对比分析中，我们还使用前三个小组决策和使用所有小组决策的结果进行了比较。结果也在表8-7中给出。结果表明，排名结果是相同的。然而，在做出相同决定时，使用前三组的共识达成过程比使用所有组的共识达成速度更快，这也说明了本书提出方法的有效性。

另外，为了说明反馈机制中参数η对各决策群体共识达成的影响，图8-2给出了各决策群体在不同η下的共识变化。

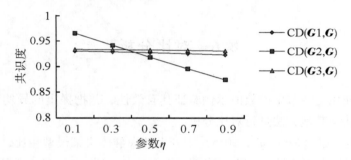

图8-2　不同η下的共识度

此外，我们计算了当η采用不同值时，共识达成过程中的迭代次数，结果如表8-8所示。

表8-8　η取不同值时的迭代次数

η	0.1	0.3	0.5	0.7	0.9
迭代次数	1	1	1	2	4

通过表8-8的结果可以看出，当群体意见被认为更重要时，非共识意见需要调整更多次才能达成共识。图8-3和图8-4分别给出了当$\eta = 0.7$和$\eta = 0.9$时各决策群体共识程度的变化。

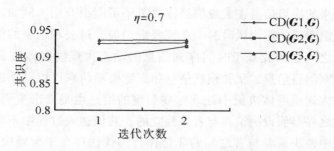

图 8-3　　$\eta = 0.7$ 下的各组共识程度

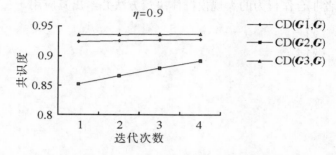

图 8-4　　$\eta = 0.9$ 下的各组共识程度

根据对前面参数 η 的分析可以发现，这种迭代算法可以使修改后的小群体决策矩阵越来越接近群体决策矩阵。

8.7　本章小结

决策参与者的数量和异构偏好格式给大规模群体决策带来了困难。一种常见的做法是将大的组划分为较小的组，并将异构信息转换为统一的格式。这种方法的挑战包括如何确定令人满意的聚类数，避免原始决策信息的丢失。本书提出了一种异构大规模群体决策方法，可用于根据大量决策者的意见选择合理的决策方案。在该方法中，模糊聚类分析用于将大规模群体聚类为小群体，由于不涉及转换，因此保留了原始信息，应用 F 统计方法确定满意的聚类数。基于满意聚类结果中的相似度，建立小群体与大群体之间的一致度。同时，如果任何小组无法达成共识，则使用反馈机制调整小组决策矩阵。此外，还利用异质 TOPSIS 选择最佳方案。一个关于应急决策中最佳救援计划选择的数值例子表明，所提出的方法可以比文献（Xu et al.，2015）中提出的方法更快地选择最佳救援计划。根据大数定律，在异构大规模群体决策中，当决策参与者的数量增加时，评估结果将变得更加准确。因此，当决策参与者的数量大于 20 时，所提出的方法仍然是有用的。

过去和未来的决策信息在大规模群体决策中可能很有用。例如，在评估客户的偏好或评估消费者的信用风险时，应该考虑当前、过去和未来的信息。我们未来的研究方向之一是研究基于时间序列信息的动态大规模群体决策方法及其应用。此外，模糊语言信息、犹豫模糊信息和直觉模糊信息可以反映决策参与者的偏好，如何在大规模群体决策中处理这些类型的信息也是未来重要的研究方向。本书的局限性之一是假设决策参与者是独立的，共识达成过程中不存在非合作行为。而在实践中，决策参与者之间的非合作行为往往存在于大规模群体决策中，且会对决策过程和结果造成影响。因此，另一个未来的研究方向是考虑开发一种基于决策参与者非合作行为的大规模群体决策方法并给出其应用。

9 结论与展望

9.1 结论

多准则决策是决策科学、管理科学和信息科学中一个重要和热门的研究领域。然而，在实际的社会生产和活动中，一些普遍存在的不确定、随机或者模糊的因素在很大程度上限制了多准则决策理论和方法的发展，以及该方法的应用前景。随着模糊集理论和方法的发展，模糊环境下的多准则决策方法得到很好的应用，并且决策者在根据该方法进行评估时，可以减轻其认知上的压力和负担。因此，模糊环境下的多准则决策方法引起了众学者和管理者的关注，并且随着社会和科学技术的发展，该方法也成为决策理论中富有挑战性的研究方向。

本书主要是基于模糊集理论对多准则决策方法、信息集结算子和共识群决策展开的研究，其主要的研究内容和结论如下：

（1）在决策过程中，为了更好地迎合决策者的偏好，提出了一种新的模糊数形式：泛化模糊数（generalized fuzzy number，GFN），并且引入了表示集合间距离的 Hausdorff 距离，给出了 GFNs 的 Hausdorff 距离的计算公式，该距离的引入不仅可以减少计算的复杂度，而且可以提高评估结果的鲁棒性。同时，在决策过程中，本书给出了基于 GFNs 给出一种模糊多准则决策模型。该模型针对属性的权重信息部分未知的情况，给出一种基于离差最大化的线性规划方法对属性权重进行求解。对于决策结果仍然是模糊数的情况，本书给出了一种基于 GFNs 的改进的可能度计算方法，然后结合互补判断矩阵的排序方法，给出最后的评估结果。结果显示，评估时可以通过调整 GFNs 中参数 n 的值去迎合决策者的不同偏好，从而有助于提高决策者在决策时给出准确的判断，然后得到合理的评估结果。总之，该模型不仅能够简化计算的复杂度，综合考虑的决策者决策时的偏好，而且在决策时可以根据不同的情况，通过调整参数来调整评估的过程，从而更好地迎合决策的偏好，使得评估结果能够更加接近评估要求。

（2）为了能够准确、合理、科学地进行决策，既要考虑决策者的主观偏好因素，又要充分利用被评估对象的客观信息，达到主客观思想的统一，本书给出了一种基于组合权重的动态模糊多准则决策（DFMCDM）方法。该方法首先针对主观权重和客观权重的优缺点，提出了一种基于离差最大化的组合赋权方法；其次考虑了多阶段的决策过程，引入了 BUM 函数，然后结合专家的主观经验和较强的数学理论确定时间权重；最后在模糊环境下，基于 TOPSIS 思想，给出了 DFM-CDM 评估过程。同时，在进行模糊决策评估时，本书引入了更能包含隶属函数信息的 $d_{2, 1/2}$ 距离来计算模糊数间的距离，以及方案与理想方案和负理想方案间的距离，这也让决策效果得到了改善，使得最后的评估结果更加合理和准确。由此可见，该方法不仅考虑了专家的偏好，而且有较强的理论基础，其评估过程也较为合理。

（3）信息集结是决策理论的重要研究对象。本书根据算子集结理论，基于幂算子，同时根据时间的特征，考虑决策过程中时间因素的影响，提出了动态幂加权平均算子，并根据该算子给出了多阶段的综合评估模型。本书提出的动态算子不仅考虑了时间因素在决策过程中的重要作用，而且考虑了集结信息时数据间的支撑程度对权重系数的影响，使得在决策评估时更加科学合理，评估的结果也更加准确可信。对这些算子的研究也拓展了综合评估方法的应用范围，尤其是在信息集结中的应用。

（4）在不确定环境下，为了解决方案属性信息不确定、决策信息分布多个阶段以及传统加权平均算子权重没有考虑集成数据间相互关系等问题，本书提出了一种基于不确定幂几何加权平均算子的多阶段动态多准则决策方法。该方法不仅可以集结决策者在多阶段给出的不确定信息，同时结合模糊集理论和方法，考虑了集结模糊信息时数据间的支撑程度对权重系数的影响，强化了对模糊信息的处理，使得被评估的信息更加贴近实际，然后给出基于可能度的排序方法来选择最优方案。结果显示，本书提出的方法在进行决策评估时是合理和有效的。

（5）提出了一种集成异构信息的群体决策方法。为了避免信息丢失，该方法没有将异构信息转化为单一形式，而是使用加权幂平均算子对异构信息进行集成。根据偏差度，该方法能计算个体决策矩阵与群体决策矩阵的共识程度。对于未达成共识的个体决策矩阵，该方法能利用反馈机制和迭代算法进行调整；此外，采用异质 TOPSIS 排序公式选择最优方案。以供应商选择为例，该方法验证了该模型的有效性，并与其他同类群体决策模型进行了比较。结果表明，该方法在减少信息丢失的同时能有效地集成异构群体决策环境中的异构信息。

（6）为了解决大规模群体决策聚类过程中如何确定合适的小群体分类的多少，以及如何避免或减少决策信息转换过程中的信息丢失，本书构建了基于模糊聚类分析的异构大规模群体决策方法，并给出在应急预案选择中的应用。首先，使用模糊聚类分析将大群体划分为较小的群体，应用 F 统计量方法确定满意的聚类数，并根据提出的相似度计算方式保留原始信息；其次，在类间进行共识达成过程，形成统一意见，同时给出一种反馈机制，用于在群体不能达成共识时来调整小群体决策矩阵，并利用基于 TOPSIS 方法选择最佳方案；最后，通过在应急预案选择中的应用验证了所提出方法的有效性，并进行了最佳救援方案的选择。结果表明，该方法有助于更快地选择最佳救援方案。

本书提出的模糊集理论与多准则决策、信息集结理论、群决策方法以及共识达成过程相结合的方法，具有一定的普适性，不仅能够应用在公司绩效评估、投资商选择、应急决策等方面，而且能为金融、信息、军事、医学等领域提供一定的参考。

9.2　展望

本书对模糊环境下的信息集结问题和共识达成问题进行了探索和研究，并取得了一定的研究成果。但是随着科学技术的发展和社会的进步，仍有许多问题值得去继续研究和探讨。主要包括：

（1）在模糊环境下，不确定的属性信息不仅仅表现为能用一般的模糊数来表示，它也可能由语言变量、直觉模糊数或者犹豫模糊数给出，关于这些模糊数的形式虽然有了一定的研究基础，但是仍有许多内容需要继续探讨，例如，被评估的属性值同时以多种形式的语言模糊信息给出混合型多准则决策问题。

（2）当决策群体十分庞大、评估数据很多时，决策问题变得异常复杂，普通的多准则决策方法和群体决策方法常常导致众多决策无果而终，甚至严重影响决策进程。大规模群体决策的出现可以有效地解决该问题。但是，由于模糊环境下的决策较为复杂，不确定环境下的大规模群决策的可靠性问题也成为未来一个十分棘手，同时也是十分热门的研究问题。

（3）随着大数据时代的到来，社会网络关系越来越复杂，尤其是在不确定的网络环境下的决策过程中，偏好信息的不稳定性和随机性的本质难以更改，决策者间的社会网络关系也难以刻画。如何提升不确定网络环境下的决策问题评估的准确性以及结果的可解释性也是一个有待解决的问题和未来的重要研究方向。

参考文献

［1］ABO-SINNA M A, AMER A H. Extensions of TOPSIS for multi-objective large-scale nonlinear programming problems ［J］. Applied Mathematics and Computation, 2005, 162 (1): 243-256.

［2］ABO-SINNA M A, AMER A H, IBRAHIM A S. Extensions of TOPSIS for large scale multi-objective non-linear programming problems with block angular structure ［J］. Applied Mathematical Modelling, 2008, 32 (3): 292-302.

［3］ACZÉL J, SAATY T L. Procedures for synthesizing ratio judgements ［J］. Journal of Mathematical Psychology, 1983, 27 (1): 93-102.

［4］AGUARON J, MORENO-JIMÉNEZ J M A. The geometric consistency index: approximated thresholds ［J］. European Journal of Operational Research, 2003, 147 (1): 137-145.

［5］ANDERSEN P, PETERSEN N C A procedure for ranking efficient units in data envelopment analysis ［J］. Management Science, 1993, 39 (10): 1261-1264.

［6］ASHTIANI B, HAGHIGHIRAD F, MAKUI A, et al. Extension of fuzzy TOPSIS method based on interval-valued fuzzy sets ［J］. Applied Soft Computing, 2009, 9 (2): 457-461.

［7］BAAS S M, KWAKERNAAK H. Rating and ranking of multiple aspect alternative using fuzzy sets ［J］. Automatica, 1977, 13 (1): 47-58.

［8］BANKER R D, CHARNES A, COOPER W W. Some models for estimating technical and scale inefficiencies in data envelopment analysis ［J］. Management Science, 1984, 30 (9): 1078-1092.

［9］BELLMAN R, ZADEH L A. Decisionmaking in a fuzzy environment ［J］. Management Science, 1970, 17 (4): 141-164.

［10］BEN-ARIEH D, CHEN Z. Linguistic group decision-making: opinion aggregation and measures of consensus ［J］. Fuzzy Optimization and Decision Making, 2006, 5 (4): 371-386.

［11］BEN-ARIEH D, EASTON T, EVANS B. Minimum cost consensus with quadratic cost functions [J]. IEEE Transactions on Systems, Man and Cybernetics, Part A: Systems and Humans, 2009, 39 (1): 210-217.

[12] BENAYOUN R, ROY B, SUSSMAN N. Manual dereference du programmme electre [J]. Note de Synthese et Formation, Paris: Direction Scientifique SEMA, 1966.

[13] BORTOT S, MARQUES PEREIRA R A. Inconsistency and non-additive capacities: the Analytic Hierarchy Process in the framework of choquet integration [J]. Fuzzy Sets and Systems, 2013 (213): 6-26.

[14] BOTTOMLEY P A, DOYLE J R. Acomparison of three weight elicitation methods: good, better, and best [J]. Omega, 2001, 29 (6): 553-560.

[15] BRANS J P, MARESCHAL B. Promethee-v-mcdm problems with segmentation constraints [J]. INFOR, 1992, 30 (2): 85-96.

[16] BULLEN P S, MITRINOVIC D S, VASIC P M. Means and their inequalities [M]. Dordrecht: D. Reidel, 1988.

[17] CABRERIZO F J, ALONSO S, HERRERA-VIEDMA E. A consensus model for group decision making problems with unbalanced fuzzy linguistic information [J]. International Journal of Information Technology & Decision Making, 2009, 8 (1): 109-131.

[18] CABRERIZO F J, CHICLANA F, AL-HMOUZ R, et al. Fuzzy decision making and consensus: challenges [J]. Journal of Intelligent & Fuzzy Systems, 2015, 29 (3): 1109-1118.

[19] CABRERIZO F J, HERRERA-VIEDMA E, PEDRYCZ W. A method based on PSO and granular computing of linguistic information to solve group decision making problems defined in heterogeneous contexts [J]. European Journal of Operational Research, 2013, 230 (3): 624-633.

[20] CABRERIZO F J, MORENO J M, PÉREZ I J, et al. Analyzing consensus approaches in fuzzy group decision making: advantages and drawbacks [J]. Soft Computing, 2010, 14 (5): 451-463.

[21] CABRERIZO F J, UREÑA M R, PEDRYCZ W. et al. Building consensus in group decision making with an allocation of information granularity [J]. Fuzzy Sets and Systems, 2014 (255): 115-127.

[22] CAMPANELLA G, RIBEIRO R A. A framework for dynamic multiple-criteria decision making [J]. Decision Support Systems, 2011, 52 (1): 52-60.

[23] CARLSSON C, FULLER R. On possibilistic mean value and variance of fuzzy numbers [J]. Fuzzy Sets and Systems, 2001, 122 (2): 315-326.

［24］CARMONE JR F J, KARA A, ZANAKIS S H. A monte carlo investigation of incomplete pairwise comparison matrices in AHP ［J］. European Journal of Operational Research, 1997, 102 (3): 538-553.

［25］CHANG B, CHANG C W, WU C H. Fuzzy DEMATEL method for developing supplier selection criteria ［J］. Expert Systems with Applications, 2011, 38 (3): 1850-1858.

［26］CHANG C H, LIN J J, LIN J H, et al. Domestic open-end equity mutual fund performance evaluation using extended TOPSIS method with different distance approaches ［J］. Expert Systems with Applications, 2010, 37 (6): 4642-4649.

［27］CHANG D Y. Applications ofthe extent analysis method on fuzzy AHP ［J］. European Journal of Operational Research, 1996, 95 (3): 649-655.

［28］CHANG J R, HO T H, CHENG C H, et al. Dynamic fuzzy OWA model for group multiple criteria decision making ［J］. Soft Computing, 2006, 10 (7): 543-554.

［29］CHANG K H, CHANG Y C, LEE Y T. Integrating TOPSIS and DEMATEL methods to rank the risk of failure of FMEA ［J］. International Journal of Information Technology & Decision Making, 2014, 13 (6): 1229-1257.

［30］CHARNES A, COOPER W W, RHODES E. Measuring theefficiency of decision making units ［J］. European Journal of Operational Research, 1978, 2 (6): 429-444.

［31］CHAUDHURI B B, ROSENFELD A. A modified hausdorff distance between fuzzy sets ［J］. Information Sciences, 1999, 118 (1-4): 159-171.

［32］CHEN C T. Extension of the TOPSIS forgroup decision-making under fuzzy environment ［J］. Fuzzy Sets and System, 2000, 114 (1): 1-9.

［33］CHEN C. T, LIN C T, HUANG S F. A fuzzy approach for supplier evaluation and selection in supply chain management ［J］. International Journal of Production Economics, 2006, 102 (2): 289-301.

［34］CHEN M F, TZENG G H, TANG M. Fuzzy MCDM approach for evaluation of expatriate assignments ［J］. International Journal of Information Technology & Decision Making, 2005, 4 (2): 1-20.

［35］CHEN S J, CHEN S M. Aggregating fuzzy opinions in the heterogeneous group decision-making environment ［J］. Cybernetics and Systems, 2005, 36 (3): 309-338.

［36］CHEN S M, CHEN J H. Fuzzy risk analysis based on similarity measures between interval-valued fuzzy numbers and interval-valued fuzzy number arithmetic operators [J]. Expert Systems with Applications, 2009, 36 (3): 6309-6317.

[37] CHEN S M, TSAI B H. Autocratic decision making using group recommendations based on intervals of linguistic terms and likelihood-based comparison relations [J]. IEEE Transactions on Systems, Man, and Cybernetics: Systems, 2015, 45 (2): 250-259.

[38] CHEN T Y. Multiple criteria group decision-making with generalized interval-valued fuzzy numbers based on signed distances and incomplete weights [J]. Applied Mathematical Modelling, 2012, 36 (7): 3029-3052.

[39] CHEN T Y, TSAO C Y. The Interval-valued fuzzy TOPSIS method and experimental analysis [J]. Fuzzy Sets and Systems, 2008, 159 (11): 1410-1428.

[40] CHEN X, ZHANG H J, DONG Y C. The fusion process with heterogeneous preferences structures in group decision making: A survey [J]. Information Fusion, 2015, 24: 72-83.

[41] CHEN Y, LI B. Dynamic multi-attribute decision making model based on triangular intuitionistic fuzzy numbers [J]. Scientia Iranica, 2011, 18 (2): 268-274.

[42] CHEN Y, LI K W, XU H Y, et al. A DEA-TOPSIS method for multiple criteria decision analysis in emergency management [J]. Journal of Systems Science and Systems Engineering, 2009, 18 (4): 489-507.

[43] CHENG C H. Evaluating naval tactical missile systems by fuzzy AHP based on the grade value of membership function [J]. European Journal of Operational Research, 1997, 96 (2): 343-350.

[44] CHENG C H. Anew approach for ranking fuzzy numbers by distance method [J]. Fuzzy Sets and Systems, 1998, 95 (3): 307-317.

[45] CHENG Y M, MCINNIS B. Analgorithm for multiple attribute, multiple alternative decision problem based on fuzzy sets with application to medical diagnosis [J]. IEEE Transactions on Systems, Man, and Cybernetics, 1980, 10 (5): 645-650.

[46] CHICLANA F, HERRERA F, HEIRERA-VIEDMA E. The ordered weighted geometric operator: properties and applications [C]. Proceeding 8th International Conference on Information Processing and Management of Uncertainty in Knowledge-Based Systems, Madrid, 2000: 985-991.

[47] CHICLANA F, HERRERA-VIEDMA E, HERRERA F, et al. Some induced ordered weighted averaging operators and their use for solving group decision-making problems based on fuzzy preference relations [J]. European Journal of Operational Research, 2007, 182 (1): 383-399.

[48] CHICLANA F, MATA F, MARTINEZ L, et al. Integration of a consistency control module within a consensus decision making model [J]. International Journal of Uncertainty, Fuzziness and Knowledge-Based Systems, 2008, 16 (1): 35-53.

[49] CHOU S Y, CHANG Y H, SHEN C Y. A fuzzy simple additive weighting system under group decision-making for facility location selection with objective/subjective attributes [J]. European Journal of Operational Research, 2008 (189): 132-145.

[50] CHU T C, LIN Y. C. An extension to fuzzy MCDM [J]. Computers & Mathematics with Applications, 2009, 57 (3): 445-454.

[51] CHURCHMAN C W, ACKOFF R L, ARNOFF E L. Introduction to operations research [M]. New York: Wiley, 1957.

[52] DAS S, JUHA D, MESIAR R. Extended Bonferroni mean under intuitionistic fuzzy environment based on a strict t-conorm [J]. IEEE Transactions on Systems, Man, and Cybernetics: Systems, 2016, 47 (8): 2083-2099.

[53] DENG H P, YEH C H, WILLIS R J. Inter-company comparison using modified TOPSIS with objective weights [J]. Computers & Operation Research, 2000, 27 (10): 963-973.

[54] DING R X, PALOMARES I, WANG X, et al. Large-Scale decision-making: Characterization, taxonomy, challenges and future directions from an Artificial Intelligence and applications perspective [J]. Information fusion, 2020 (59): 84-102.

[55] DONG Y C, CHEN X, HERRERA F. Minimizing adjusted simple terms in the consensus reaching process with hesitant linguistic assessments in group decision making [J]. Information Sciences, 2015, 297: 95-117.

[56] DONG Y C, XU Y F, LI H Y, et al. The OWA-based consensus operator under linguistic representation models using position indexes [J]. European Journal of Operational Research, 2010, 203 (2): 455-463.

[57] DONG Y C, ZHANG H J, HERRERA-VIEDMA E. Integrating experts′ weights generated dynamically into the consensus reaching process and its applications in managing non-cooperative behaviors [J]. Decision Support Systems, 2016 (84): 1-15.

[58] DONG Y C, ZHANG G Q, HONG W C, et al. Consensus models for AHP group decision making under row geometric mean prioritization method [J]. Decision Support Systems, 2010 (49): 281-289.

[59] DONG Y C, ZHAO S H, ZHANG H J, et al. A self-management mechanism for noncooperative behaviors in large-scale group consensus reaching processes

[J]. IEEE Transactions on Fuzzy Systems, 2018, 26 (6): 3276-3288.

[60] DUBOIS D, PRADE H. Operations on fuzzy numbers [J]. International Journal of Systems Science, 1978, 9 (6): 613-626.

[61] DUBOIS D, PRADE H. Fuzzy sets and systems: Theory and Applications [M]. New York: Academic Press, 1980.

[62] DUBOIS D, PRADE H. Ranking of fuzzy numbers in the setting of possibility theory [J]. Information Sciences, 1983, 30 (2): 183-224.

[63] DUBOIS D, PRADE H. On theuse of aggregation operations in information fusion process [J]. Fuzzy Sets and Systems, 2004, 142 (1): 143-161.

[64] ERGU D J, KOU G. Questionnaire design improvement and missing item scores estimation for rapid and efficient decision making [J]. Annals of Operations Research, 2012, 197 (1): 5-23.

[65] ERGU D J, KOU G, PENG Y, et al. A simple method to improve the consistency ratio of the pair-wise comparison matrix in ANP [J]. European Journal of Operational Research, 2011, 213 (1): 246-259.

[66] ERGU D J, KOU G, SHI Y. Analytic network process in risk assessment and decision analysis [J]. Computers & Operations Research, 2014 (42): 58-74.

[67] FACCHINETTI G, RICCI R G, MUZZIOLI S. Note onranking fuzzy triangular numbers [J]. International Journal of Intelligent Systems, 1998, 13 (7): 613-622.

[68] FAN Z P, MA J, JIANG Y P, et al. A goal programming approach to group decision making based on multiplicative preference relations and fuzzy preference relations [J]. European Journal of Operational Research, 2006, 174 (1): 311-321.

[69] FENTON N, WANG W. Risk and confidence analysis for fuzzy multi-criteria decision making [J]. Knowledge-Based Systems, 2006, 19 (6): 430-437.

[70] FILEV D, YAGER R R. Analytic properties of maximum entropy OWA operators [J]. Information Sciences, 1995, 85 (1-3): 11-27.

[71] FISHBURN P C. Lexicographicorders, utilities and decision rules: A survey [J]. Management Science, 1974, 20 (11): 1442-1471.

[72] GABUS A, FONTELA E. World problems, an invitation to further thought within the framework of DEMATEL [M]. Switzerland, Geneva: Battelle Geneva Research Centre, 1972.

[73] GOMEZ-RUIZ J A, KARANIK M, PELÁEZ J I. Estimation of missing judgments in AHP pairwise matrices using a neural network-based model [J]. Applied Mathematics and Computation, 2010, 216 (10): 2959-2975.

[74] GU H, SONG B F. Study on effectiveness evaluation of weapon systems based on grey relational analysis and TOPSIS [J]. Journal of Systems Engineering and Electronics, 2009, 20 (1): 106-111.

[75] HADI-VENCHEH A, MOKHTARIAN M N. A new fuzzy MCDM approach based on centroid of fuzzy numbers [J]. Expert Systems with applications, 2011, 38 (5): 5226-5230.

[76] HARSANYI J C, WELFARE C. Individualistic ethics, and interpersonal comparisons of utility [J]. Journal of Political Economy, 1955, 63 (3): 309-321.

[77] HATAMI-MARBINI A, TAVANA M. An extension of the electrei method for group decision-making under fuzzy environment [J]. Omega, 2011, 39 (4): 373-386.

[78] HE Y Y, WANG Q, ZHOU D Q. Extension of the expected value method for multiple attribute decision making with fuzzy data [J]. Knowledge - Based Systems, 2009, 22 (1): 63-66.

[79] HERRERA F, ALONSO S, CHICLANA F, et al. Computing with words in decision making: foundations, trends and prospects [J]. Fuzzy Optimization and Decision Making, 2009, 8 (4): 337-364.

[80] HERRERA F, HERRERA-VIEDMA E. Linguistic decision analysis: steps for solving decision problems under linguistic information [J]. Fuzzy Sets and Systems, 2000, 115 (1): 67-82.

[81] HERRERA F, HERRERA-VIEDMA E, VERDEGAY J L. A rational consensus model in group decision making using linguistic assessments [J]. Fuzzy sets and systems, 1997, 88 (1): 31-49.

[82] HERRERA-VIEDMA E, HERRERA F, CHICLANA F. A consensus model for multiperson decision making with different preference structures [J]. IEEE Transactions on Systems, Man and Cybernetics, Part A: Systems and Humans, 2002, 32 (3): 394-402.

[83] HERRERA-VIEDMA E, MARTÍNEZ L, MATA F, et al. A consensus support system model for group decision-making problems with multigranular linguistic preference relations [J]. IEEE Transactions on Fuzzy Systems, 2005, 13 (5): 644-658.

[84] HINLOOPEN E, NIJKAMP P, RIETVELD P. Qualitative Discrete Multiple Criteria Choice Models in Regional Planning [J]. Regional Science and Urban Economics, 1983, 13 (1): 77-102.

[85] HÖPPNER F, KLAWONN F, KRUSE R, et al. Fuzzy cluster analysis:

methods for classification, data analysis and image recognition. New York: Wiley, 1999.

[86] HUANG J J. A mathematical programming model for the fuzzy analytic network process—applications of international investment [J]. Journal of the Operational Research Society, 2012, 63: 1534-1544.

[87] HUBER G P. Multi—attribute utilities models: A review of field and field—like studies [J]. Management Science, 1974, 20 (10): 1393-1402.

[88] HUNG W L, YANG M S. Similarity measures of intuitionistic fuzzy sets based on hausdorff distance [J]. Pattern Recognition Letters, 2004, 25 (14): 1603-1611.

[89] HUTTENLOCHER D P, KLANDERMAN G A, RUCKLIDGE W J. Comparingimages using the hausdorff distance [J]. IEEE Transactions on Pattern Analysis and Machine Intelligence, 1993, 15 (9): 850-863.

[90] HO W, XU X W, DEY P K. Multi—criteria decision making approaches for supplier evaluation and selection: a literature review [J]. European Journal of Operational Research, 2010, 202 (1): 16-24.

[91] HWANG C L, LAI Y J, LIU T. Anew approach for multiple objective decision making [J]. Computers & Operation Research, 1993, 20 (8): 889-899.

[92] HWANG C L, YOON K. Multiple attribute decisino making - methods and applications: A state-of-the art survey [M]. Springer-Verlag Birlin Heidelberg, 1981.

[93] JOSHI D, KUMAR S. Interval—valued intuitionistic hesitant fuzzy Choquet integral based TOPSIS method for multi—criteria group decision making [J]. European Journal of Operational Research, 2016, 248 (1): 183-191.

[94] KACPRZYK J, FEDRIZZI M, NURMI H. Groupdecision—making and consensus under fuzzy preference and fuzzy majority [J]. Fuzzy Sets and Systems, 1992, 49 (1): 21-31.

[95] KAHNEMAN R D. The relationship between the Analytic Hierarchy Process and the additive value function [J]. Decision Sciences, 1982, 13 (4): 702-713.

[96] KOCZKODAJ W. A new definition of consistency of pairwise comparisons [J]. Mathematical and Computer Modelling, 1993, 18 (7): 79-84.

[97] KOU G, ERGU D J, SHANG J. Enhancing data consistency in decision matrix: adapting hadamard model to mitigate judgment contradiction [J]. European Journal of Operational Research, 2014, 236 (1): 261-271.

[98] KOU G, LIN C S. A cosine maximization method for the priority vector derivation in AHP [J]. European Journal of Operational Research, 2014, 235 (1): 225-

232.

[99] KOU G, LOU C W. Multiple factor hierarchical clustering algorithm for large scale web page and search engine clickstream data [J]. Annals of Operations Research, 2012, 197 (1): 123-134.

[100] KOU G, LU Y Q, PENG Y, et al. Evaluation of classification algorithms using MCDM and rank correlation [J]. International Journal of Information Technology & Decision Making, 2012, 11 (1): 197-225.

[101] KOU G, PENG Y, WANG G X. Evaluation of clustering algorithms for financial risk analysis using MCDM methods [J]. Information Sciences, 2014 (275): 1-12.

[102] KUO M S, LIANG G S. A soft computing method of performance evaluation with MCDM based on interval-valued fuzzy numbers [J]. Applied Soft Computing, 2012, 12 (1): 476-485.

[103] LAPLANTE A E, PARADI J C. Evaluation of bank branch growth potential using data envelopment analysis [J]. Omega, 2015, 52: 33-41.

[104] LEE E S, LI R L. Comparison of fuzzy numbers based on the probability measure of fuzzy events [J]. Computer and Mathematics with Applications, 1988, 15 (10): 887-896.

[105] LI D F. Compromise ratio method for fuzzy multi-attribute group decision making [J]. Applied Soft Computing, 2007, 7 (3): 807-817.

[106] LI D F, HUANG Z G, CHEN G H. A systematic approach to heterogeneous multiattribute group decision making [J]. Computer & Industrial Engineering, 2010, 59: 561-572.

[107] LI G X, KOU G, LIN C S, et al. Multi-attribute decision making with generalized fuzzy numbers [J]. Journal of the Operational Research Society, 2015, 66 (11), 1793-1803.

[108] LI G X, KOU G, PENG Y. Dynamic fuzzy multiple criteria decision making for performance evaluation [J]. Technological and Economic Development of Economy, 2015, 21 (5): 705-719.

[109] LI G X, KOU G, PENG Y. A group decision making model for integrating heterogeneous information [J]. IEEE Transactions on Systems, Man, and Cybernetics: Systems, 2018, 48 (6): 982-992.

[110] LI H L, MA L C. Detecting and adjusting ordinal and cardinal inconsistencies through a graphical and optimal approach in AHP models [J]. Computers & Operations Research, 2007, 34 (3): 780-798.

［111］LIN C S, KOU G. Bayesian revision of the individual pair-wise comparison matrices under consensus in AHP-GDM ［J］. Applied soft computing, 2015, 35: 802-811.

［112］LIN C S, KOU G, ERGU D J. An improved statistical approach for consistency test in AHP ［J］. Annals of Operations Research, 2013, 211 （1）: 289-299.

［113］LIN K H, LAM K M, SIU W C. Spatially eigen-weighted hausdorff distances for human face recognition ［J］. Pattern Recognition, 2003, 36 （8）: 1827-1834.

［114］LIN Y H, LEE P C, TING H I. Dynamic multi-attribute decision making model with grey number evaluations ［J］. Expert Systems with Applications, 2008, 35 （4）: 1638-1644.

［115］LIU X W, HAN S L. Orness and parameterized RIM quantifier aggregation with OWA operators: A summary ［J］. International Journal of Approximate Reasoning, 2008, 48 （1）: 77-97.

［116］MABUCHI S. Anapproach to the comparison of fuzzy subsets with an a cut dependent index ［J］. IEEE Transactions on Systems, Man, and Cybernetics, 1988, 18 （2）: 264-272.

［117］MAHDAVI I, MAHDAVI-AMIRI N, HEIDARZADE A, et al. Designing a model of fuzzy TOPSIS in multiple criteria decision making ［J］. Applied Mathematics and Computation, 2008, 206 （2）: 607-617.

［118］MAMDANI E H, ASSILIAN S. Anexperiment in linguistic synthesis with a fuzzy logic controller ［J］. International Journal of Man-Machine Studies, 1975, 7 （1）: 1-13.

［119］MARTÍNEZ L, LIU J, RUAN D, et al. Dealing with heterogeneous information in engineering evaluation processes ［J］. Information Sciences, 2007, 177 （7）: 1533-1542.

［120］MERIGÓ J M, GIL-LAFUENTE A M. The induced generalized OWA operator ［J］. Information Sciences, 2009, 179 （6）: 729-741.

［121］MILLER G A. Themagical number seven, plus or minus two: Some limits on our capacity for processing information ［J］. The Psychological Review, 1956, 63 （2）: 81-97.

［122］MON D L, CHENG C H, LIN J C. Evaluating weapon system using fuzzy analytic hierarchy process based on entropy weight ［J］. Fuzzy Sets and System, 1994, 62 （2） 127-134.

［123］ MORENTE-MOLINERA J A, PéREZ I J, UREÑA M R, et al. Building and managing fuzzy ontologies with heterogeneous linguistic information ［J］. Knowledge-Based Systems, 2015, 88: 154-164.

［124］ MURAKAMI S, MAEDA S, IMAMURA S. Fuzzy decision analysis on the development of centralized regional energy control system ［J］. IFAC Symposium on Fuzzy Information, Knowledge Representation and Decision Analysis, 1983, 363-368.

［125］ NABAVI-KERIZI S H, ABADI M, KABIR E. A PSO-based weighting method for linear combination of neural networks ［J］. Computers & Electrical Engineering, 2010, 36 (5): 886-894.

［126］ NAKAHARA Y, SASAKI M, GEN M. On the linear programming problems with interval coefficients ［J］. Computers & Industrial Engineering, 1992, 23 (1-4): 301-304.

［127］ NADLER S B. Hyperspaces of sets: A text with research questions ［M］. New York, Marcel Dekker, 1978.

［128］ NAKAMURA K. Preferencerelation on a set of fuzzy utilities as a basis for decision making ［J］. Fuzzy Sets and Systems, 1986, 20 (2): 147-162.

［129］ NIJKAMP P. Stochastic quantitative and qualitative multicriteria analysis for environmental design ［J］. Papers of the Regional Science Association, 1977, 39 (1): 174-199.

［130］ NIJKAMP P, DELFT A V. Multi-Criteria analysis and regional decision-making ［M］. Martinus Nijhoff Social Science Division, Leiden, the Netherlands, 1977.

［131］ O' HAGAN M. Fuzzy decision aids ［C］. In: Proc 21st Asilomar Conference on Signal, Systems and Computers, vol II. Pacific Grove, CA: IEEE and Maple Press; 1987, 624- 628.

［132］ OKUR A, NASIBOV E N, KILIC M, et al. Using OWA aggregation technique in QFD: a case study in education in a textile engineering department ［J］. Quality & Quantity, 2009, 43 (6): 999-1009.

［133］ ÖLçER A I, ODABAI A Y. A new fuzzy multiple attributive group decision making methodology and its application to propulsion/ manoeuvring system selection problem ［J］. European Journal of Operational Research, 2005, 166 (1): 93-114.

［134］ ORLOVSKY S A. Decision making with a fuzzy preference relation ［J］. Fuzzy Sets and Systems, 1978, 1 (3): 155-167.

［135］ OSEI-BRYSON K M. An action learning approach for assessing the consistency of pairwise comparison data ［J］. European Journal of Operational Research,

2006, 174 (1): 234-244.

[136] PAELINCK J H P. Qualitativemultiple criteria analysis: an airport location [J]. Environment and Planning [J]. 1997, 9 (8): 883-895.

[137] PALOMARES I, MARTíNEZ L, HERRERA F. A consensus model to detect and manage noncooperative behaviors in large-scale group decision making [J]. IEEE Transactions on Fuzzy Systems, 2014, 22 (3): 516-530.

[138] PANKAJ D, DEBJANI C, ROY A R. Continuous review inventory model in mixed fuzzy and stochastic environment [J]. Applied Mathematics and Computation, 2007, 188 (1): 970-980.

[139] PARAMESHWARAN R, PRAVEEN KUMAR S, SARAVANAKUMAR K. An integrated fuzzy MCDM based approach for robot selection considering objective and subjective criteria [J]. Applied Soft Computing, 2015, 26: 31-41.

[140] PENG Y., KOU G., SHI Y., et al. A multi-criteria convex quadratic programming model for credit data analysis [J]. Decision Support Systems, 2008, 44 (4): 1016-1030.

[141] PENG Y, KOU G, SHI Y, et al. A multi-criteria convex quadratic programming model for credit data analysis [J]. Decision Support Systems, 2008 (44): 1016-1030.

[142] PENG Y, KOU G, WANG G X, et al. FAMCDM: A fusion approach of MCDM methods to rank multiclass classification algorithms [J]. Omega, 2011, 39 (6): 677-689.

[143] PENG Y, KOU G, WANG G X, et al. Ensemble of software defect predictors: an ahp-based evaluation method [J]. International Journal of Information Technology & Decision Making, 2011, 10 (1): 187-206.

[144] PENG Y, ZHANG Y, TANG Y, et al. An incident information management framework based on data integration, data mining, and multi-criteria decision making [J]. Decision Support Systems, 2011, 51 (2): 316-327.

[145] PÉREZ I J, CABRERIZO F J, ALONSO S, et al., E. A new consensus model for group decision making problems with non-homogeneous experts [J]. IEEE Transactions on Systems, Man, and Cybernetics: Systems, 2014, 44 (4): 494-498.

[146] PÉREZ I J, CABRERIZO F J, HERRERA-VIEDMA E. A mobile decision support system for dynamic group decision-making problems [J]. IEEE Transactions on Systems, Man and Cybernetics, Part A: Systems and Humans, 2010, 40 (6): 1244-1256.

[147] ROBERTS R, GOODWIN P. Weightapproximations in multi-attribute decision models [J]. Journal of Multi-Criteria Decision Analysis, 2002, 11 (6): 291-303.

[148] ROMESBURG C. Cluster analysis for researchers. Melbourne, FL: Krieger, 2004.

[149] SAATY T L. The Analytical Hierarchical Process [M]. J Wiley, New York, 1980.

[150] SAATY T L. Axiomatic Foundation of the Analytic Hierarchy Process [J]. Management Science, 1986, 23 (7): 851-855.

[151] SAATY T L. Highlights and critical points in the theory and application of the Analytic Hierarchy Process [J]. European Journal of Operational Research, 1994, 74 (3): 426-447.

[152] SAATY T L. Fundamentals of the Analytic Network Process—Dependence and feedback in decision-making with a single network [J]. Journal of Systems Science and Systems Engineering, 2004, 13 (2): 129-157.

[153] SAATY T L, VARGAS L G. Experiments on rank preservation and reversal in relative measurement [J]. Mathematical and Computer Modelling, 1993, 17 (4-5): 13-18.

[154] SAKAWA M. Fuzzy Sets and Interactive Multiobjective Optimization [M]. New York: Springer-Verlag, 1993.

[155] SHANNON C E, WEAVER W. Themathematical theory of communication [M]. Urbana: The University of Illinois Press, 1947.

[156] SHEN F, XU J P, XU Z S. An automatic ranking approach for multi-criteria group decision making under intuitionistic fuzzy environment [J]. Fuzzy Optimization and Decision Making, 2015, 14 (3): 311-334.

[157] SONG Y M, LI G X. A large-scale group decision-making withincomplete multi-granular probabilistic linguistic term sets and its application in sustainable supplier selection [J]. Journal of the Operational Research Society, 2019, 70 (5), 827-841.

[158] SOYLU B. Integrating prometheeii with the tchebycheff function for multicriteria decision making [J]. International Journal of Information Technology & Decision Making, 2010, 9 (4): 525-545.

[159] STAM A, SILVA A. Stochastic judgments in the AHP: the measurementof rank reversal probabilities [J]. Decision Sciences, 1997, 28 (3): 655-688.

[160] SUEYOSHI T, GOTO M. Data envelopment analysis for environmental as-

sessment: comparison between public and private ownership in petroleum industry [J]. European Journal of Operational Research, 2012, 216 (3): 668-678.

[161] SUN C C. A performance evaluation model by integrating fuzzy AHP and fuzzy TOPSIS methods [J]. Expert Systems with Applications, 2010, 37 (12): 7745-7754.

[162] SUN B. Z, MA W M. An approach to consensus measurement of linguistic preference relations in multi-attribute group decision making and application [J]. Omega, 2015, 51: 83-92.

[163] TAHA A F, PANCHAL J H. Decision-making in energy systems with multiple technologies and uncertain preferences [J]. IEEE Transactions on Systems, Man, and Cybernetics: Systems, 2014, 44 (7): 894-907.

[164] TAKEDA E, COGGER K O, YU P L. Estimating criterion weights using eigenvectors: a comparative study [J]. European Journal of Operational Research, 1987, 29 (3): 360-369.

[165] TONE K. A slacks-based measure of efficiency in data envelopment analysis [J]. European Journal of Operational Research, 2001, 130 (3): 498-509.

[166] TRIANTAPHYLLOU E, SANCHEZ A. A sensitivity analysis approach for some deterministic multi-criteria decision-making methods [J]. Decision Science, 1997, 28 (1): 151-194.

[167] TSOU C S. Multi-objective inventory planning using MOPSO and TOPSIS [J]. Expert Systems with Applications, 2008, 35 (1-2): 136-142.

[168] UREÑA M R, CABRERIZO F J, MORENTE-MOLINERA J A, et al. GDM-R: A new framework in R to support fuzzy group decision making processes [J]. Information Sciences, 2016, 357: 161-181.

[169] UREÑA R, CHICLANA F, MORENTE J A, et al. Managing incomplete preference relations in decision making: A review and future trends [J]. Information Sciences, 2015, 302: 14-32.

[170] WAN S. Power average operators of trapezoidal intuitionistic fuzzy numbers and application to multi-attribute group decision making [J]. Applied mathematical modelling, 2013, 37 (6): 4112-4126.

[171] WAN S P, LI D F. Fuzzy LINMAP approach to heterogeneous MADM considering comparisons of alternatives with hesitation degrees [J]. Omega, 2013, 41 (6): 925-940.

[172] WAN S P, LI D F. Atanassov's intuitionistic fuzzy programming method for

heterogeneous multiattribute group decision making with atanassov's intuitionistic fuzzy truth degrees [J]. IEEE Transactions on Fuzzy Systems, 2014, 22 (2): 300-312.

[173] WAN S P, WANG Q Y, DONG J Y. The extended VIKOR method for multi-attribute group decision making with triangular intuitionistic fuzzy numbers [J]. Knowledge-Based Systems, 2013 (52): 65-77.

[174] WANG T C, LEE H D. Developing a fuzzy TOPSIS approach based on subjective weights and objective weights [J]. Expert Systems with Applications, 2009, 36 (5): 8980-8985.

[175] WANG Y M, ELHAG T M S. An approach to avoiding rank reversal in AHP [J]. Decision Support Systems, 2006, 42 (3): 1474-1480.

[176] WANG Y M, YANG J B, XU D L, et al. On the centroids of fuzzy numbers [J]. Fuzzy Sets and Systems, 2006, 157 (7): 919-926.

[177] WEI G W. Maximizingdeviation method for multiple attribute decision making in intuitionistic fuzzy setting [J]. Knowledge-Based Systems, 2008, 21 (8): 833-836.

[178] WEI G W, ZHAO X F, LIN R, et al. Generalized triangular fuzzy correlated averaging operator and their application to multiple attribute decision making [J]. Applied Mathematical Modelling, 2012, 36 (7): 2975-2982.

[179] XIA M M, XU Z S, CHEN N. Some hesitant fuzzy aggregation operators with their application in group decision making [J]. Group Decision and Negotiation, 2013, 22 (2): 259-279.

[180] XU J P, LI X. Themajor optimal and non-inferior programme of multiple attribute decision making [J]. Mathematics in Economics, 1996, 13 (2): 26-31.

[181] XU X H, DU Z J, CHEN X H. Consensus model for multi-criteria large-group emergency decision making considering non-cooperative behaviors and minority opinions [J]. Decision Support Systems, 2015 (79): 150-160.

[182] XU Z S. An automatic approach to reaching consensus in multiple attribute group decision making [J]. Computers & Industrial Engineering, 2009, 56 (4): 1369-1374.

[183] XU Z S. A method based on the dynamic weighted geometric aggregation operator for dynamic hybrid multi-attribute group decision making [J]. International Journal of Uncertainty, Fuzziness and Knowledge-Based Systems, 2009, 17 (1): 15-33.

[184] XU Z S. Approaches to multiple attributegroup decision making based on intuitionistic fuzzy power aggregation operators [J]. Knowledge-Based Systems, 2011, 24

（6）：749-760.

［185］XU Z S. On multi-period multi-attribute decision making ［J］. Knowledge-Based Systems, 2008, 21 （2）：164-171.

［186］XU Z S, CAI X Q. Uncertain power average operators for aggregating interval fuzzy preference relations ［J］. Group Decision and Negotiation, 2012, 21 （3）：381-397.

［187］XU Z S, DA Q L. The uncertain OWA operator ［J］. International Journal of Intelligent Systems, 2002, 17 （6）：569-575.

［188］XU Z S, DA Q L. The ordered weighted geometric averaging operator ［J］. International Journal of Intelligent Systems, 2002, 17 （7）：709-716.

［189］XU Z S, DA Q L. An Overview of Operators for Aggregating Information ［J］. International Journal of Intelligent Systems, 2003, 18 （9）：953-969.

［190］XU Z S, XIA M M. Distance and similarity measures for hesitant fuzzy sets ［J］. Information Sciences, 2011, 181 （11）：2128-2138.

［191］XU Z S, YAGER R R. Dynamic intuitionistic fuzzy multi-attribute decision making ［J］. International Journal of Approximate Reasoning, 2008, 48 （1）：246-262.

［192］XU Z S, YAGER R R. Power-geometric operators and their use in group decision making ［J］. IEEE Transactions on Fuzzy Systems, 2010, 18 （1）：94-105.

［193］YAGER R R. Onchoosing between fuzzy subsets ［J］. Kybernetes, 1980, 9 （2）：151-154.

［194］YAGER R R. On a general class of fuzzy connectives ［J］. Fuzzy Sets and Systems, 1980, 4 （3）：235-242.

［195］YAGER R R. On ordered weighted averaging aggregation operators in multi-criteria decision making ［J］. IEEE Transactions on Systems, Man and Cybernetics, 1988, 18 （1）：183-190.

［196］YAGER R R. The power average operator ［J］. IEEE Transactions on Systems, Man and Cybernetics-Part A：Systems and Humans, 2001, 31 （6）：724-731.

［197］YAGER R R. Generalized OWA aggregation operators ［J］. Fuzzy Optimization and Decision Making, 2004, 3 （1）：93-107.

［198］YAGER R R. OWA aggregation over a continuous interval argument with applications to decision making ［J］. IEEE Transactions on Systems, Man, and Cybernetics-Part B, 2004, 34 （5）：1952-1963.

［199］YAGER R R, Alajlan N. An intelligent interactive approach to group aggregation of subjective probabilities [J]. Knowledge-Based Systems, 2015, 83: 170-175.

[200] YAGER R R, FILEV D R. Inducedordered weighted averaging operators [J]. IEEE Transactions on Systems, Man and Cybernetics, Part B, 1999, 29 (2): 141-150.

[201] YAKOWITZ D S, LANE L J, SZIDAROVSZKY F. Multi-attribute decision making: dominance with respect to an importance order of the attributes [J]. Applied Mathematics and Computation, 1993, 54 (2-3): 167-181.

[202] YANG J L, CHIU H N, TZENG G H, et al. Vendor selection by integrated fuzzy MCDM techniques with independent and interdependent relationships [J]. Information Sciences, 2008, 178 (21): 4166-4183.

[203] YANO H. Fuzzy decision making for fuzzy random multiobjective linear programming problems with variance covariance matrices [J]. Information Sciences, 2014 (272): 111-125.

[204] YE J. Multicriteria fuzzy decision-making method using entropy weights-based correlation coefficients of interval-valued intuitionistic fuzzy sets [J]. Applied Mathematical Modelling, 2010, 34 (12): 3864-3870.

[205] YOON K. Areconciliation among discrete compromise situations [J]. Journal of Operation Research Society, 1987, 38 (3): 277-286.

[206] YU P L, CHEN Y C. Dynamic multiple criteria decision making in changeable spaces: from habitual domains to innovation dynamics [J]. Annals of Operations Research, 2012, 197 (1): 201-220.

[207] YUE Z L. A method for group decision-making based on determining weights of decision makers using TOPSIS [J]. Applied Mathematical Modelling, 2011, 35 (4): 1926-1936.

[208] YURDAKUL M, IC Y T. Development of a performance measurement model for manufacturing companies using the AHP and TOPSIS approaches [J]. International Journal of Production Research, 2005, 43 (21): 4609-4641.

[209] ZADEH L A. Fuzzy sets [J]. Information and control, 1965, 8 (3): 338-353.

[210] ZAVADSKAS E K, LIIAS R, TURSKIS Z. Multi-attribute decision-making methods for assessment of quality in bridges and road construction: state-of-the-art surveys [J]. The Baltic Journal of Road and Bridge Engineering [J]. 2008, 3 (3): 152-160.

[211] ZELENY M. Multiple criteria decisino making [M]. New York: McGraw-

Hill, 1982.

[212] ZHANG B W, DONG Y C, XU Y F. Multiple attribute consensus rules with minimum adjustments to support consensus reaching [J]. Knowledge-Based Systems, 2014, 67: 35-48.

[213] ZHANG H J, DONG Y C, HERRERA-VIEDMA E. Consensus building for the heterogeneous large-scale GDM with the individual concerns and satisfactions [J]. IEEE Transactions on Fuzzy Systems, 2018, 26 (2): 884-898.

[214] ZHANG J J, WU D S, OLSON D L. The method of grey related analysis to multiple attribute decision making problems with interval numbers [J]. Mathematical and Computer Modelling, 2005, 42 (9-10): 991-998.

[215] ZHANG L, ZHOU W D. Sparse ensembles using weighted combination methods based on linear programming [J]. Pattern Recognition, 2011, 44 (1): 97-106.

[216] ZHANG Z, GAO C H. An approach to group decision making with heterogeneous incomplete uncertain preference relations [J]. Computers & Industrial Engineering, 2014 (71): 27-36.

[217] ZHENG G Z, ZHU N, TIAN Z. Application of a trapezoidal fuzzy AHP method for work safety evaluation and early warning rating of hot and humid environments [J]. Safety Science, 2012, 50 (2): 228-239.

[218] ZHOU L G, CHEN H Y. A generalization of the power aggregation operators for linguistic environment and its application in group decision making [J]. Knowledge-Based Systems, 2012, 26: 216-224.

[219] ZHU J J, ZHANG S T, CHEN Y, et al. A hierarchical clustering approach based on three-dimensional gray relational analysis for clustering a large group of decision makers with double information [J]. Group Decision and Negotiation, 2016, 25 (2): 325-354.

[220] ZHU K J, JING Y, CHANG D Y. A discussion on extent analysis method and applications of fuzzy AHP [J]. European Journal of Operational Research, 1999, 116 (2): 450-456.

[221] ZIMMERMAN H J. Fuzzy sets, decision making, and expert system [M]. Boston, Massachusetts: Kluwer, 1987.

[222] 卞亦文, 许皓. 基于虚拟包络面和 TOPSIS 的 DEA 排序方法 [J]. 系统工程理论与实践, 2013, 33 (2): 482-488.

[223] 陈宝谦, 刘桂茹, 柴巧珠. 层次分析中不完全判断矩阵的排序方法

[J]. 南开大学学报（自然科学版），1989，22（1）：38-46.

[224] 陈华友，陈启明，李洪岩. 一类基于 OWA 算子的组合预测模型及其性质 [J]. 运筹与管理，2006，15（6）：34-39.

[225] 陈华友，刘春林，盛昭瀚. IOWHA 算子及其在组合预测中的应用 [J]. 中国管理科学，2004，12（5）：35-40.

[226] 陈锟，彭怡，寇纲，等. 产品伤害危机的营销补救策略优化 [J]. 系统工程理论与实践，2012，32（5）：919-927.

[227] 郭亚军，姚远，易平涛. 一种动态综合评价方法及其应用 [J]. 系统工程理论与实践，2007，27（10）：154-158.

[228] 冯宝军，闫达文，迟国泰. 基于非线性区间数风险控制的资产负债优化模型 [J]. 中国管理科学，2012，20（1）：79-90.

[229] 冯建岗，魏翠萍. 语言分布评估信息下的群决策方法及其群体一致性分析 [J]. 运筹与管理，2014，23（5）：120-127.

[230] 郭亚军. 综合评价理论与方法 [M]. 北京：科学出版社，2002.

[231] 和媛媛，周德群，巩在武. 三角模糊 TOPSIS 决策方法及其实验分析 [J]. 系统工程，2010，28（11）：95-103.

[232] 侯福均，吴祈宗. 基于 Hausdorff 距离的模糊数互补判断矩阵排序研究 [J]. 模糊系统与数学，2005，19（2）：110-115.

[233] 黄思明，谢安世. 基于 OWA 算子的群决策信息的灵敏度分析算法 [J]. 数学的实践与认识，2012，42（21）：238-245.

[234] 黄宪成. 模糊多目标决策理论、方法及其应用研究 [D]. 大连：大连理工大学，2003.

[235] 寇纲，娄春伟，彭怡，等. 基于时序多目标组合方法的主权信用违约风险研究 [J]. 管理科学学报，2012，15（4）：81-87.

[236] 李锋，魏莹. 一种改进的基于效用理论的 TOPSIS 决策方法 [J]. 系统管理学报，2008，17（1）：82-86.

[237] 梁昌勇，张恩桥，戚筱雯，等. 一种评价信息不完全的混合型多属性群决策方法 [J]. 中国管理科学，2009，17（4）：126-132.

[238] 林军. 一类基于 Hausdauff 距离的模糊型多属性决策方法 [J]. 系统工程学报，2007，22（4）：367-372.

[239] 刘树林，邱菀华. 多属性决策基础理论研究 [J]. 系统工程理论与实践，1998，18（1）：38-43.

[240] 陆明生. 多目标决策中的权系数 [J]. 系统工程理论与实践，1986（4）：77-78.

[241] 彭怡，李友元，寇纲，等. 外商直接投资区位选择与风险分析 [J]. 管理评论，2012，24 (2)：31-35.

[242] 钱庆庆，吴涛，赵妍，等. 基于动态双极值模糊软集的群决策方法 [J]. 计算机工程与应用，2014，50 (12)：38-41.

[243] 钱吴永，党耀国，熊萍萍，等. 基于灰色关联定权的 TOPSIS 法及其应用 [J]. 系统工程，2008，27 (8)：124-126.

[244] 任权，李为民. 最小偏差的指标赋权方法研究与应用 [J]. 系统工程，2003，21 (2)：116-119.

[245] 申毅荣，解建仓. 基于熵权和 TOPSIS 法的水安全模糊物元评价模型研究及其应用 [J]. 系统工程，2014，32 (7)：143-148.

[246] 孙莹，鲍新中. 一种基于方差最大化的组合赋权评价方法及其应用 [J]. 中国管理科学，2011，19 (6)：141-148.

[247] 王连芬，许树柏. 层次分析法引论 [M]. 北京：科学出版社，1987.

[248] 王卫星，刘娟. 基于 Hausdorff 距离的飞机定位方法 [J]. 计算机应用，2009 (29)：210-214.

[249] 王文婕. 基于 OWA 算子的供应链风险评估方法 [J]. 物流技术，2011，30 (4)：110-113.

[250] 王旭，谢敏，林云. TOPSIS 定权的模糊综合评判法及其应用 [J]. 统计与决策，2011 (20)：165-166.

[251] 王应明，傅国伟. 运用无限方案多目标决策方法进行有限方案多目标决策 [J]. 控制与决策，1993，8 (1)：25-29.

[252] 王宗军. 多目标权系数赋值方法及其选择策略 [J]. 系统工程与电子技术，1993 (6)：35-41.

[253] 王宗军. 综合评价的方法、问题及其研究趋势 [J]. 管理科学学报，1998，1 (1)：73-79.

[254] 韦保磊，谢乃明. 基于随机模拟和滤波分析的大群体决策方法 [J]. 控制与决策，2019，34 (8)：1761-1768.

[255] 魏权龄. 数据包络分析 [M]. 北京：科学出版社，2004.

[256] 西蒙. 现代效用理论的基石 [M]. 北京：北京经济学院出版社，1989.

[257] 肖子涵，耿秀丽，徐士东. 基于云模型的不确定性大群体多属性决策方法 [J]. 计算机工程与应用，2018，54 (11)：259-264.

[258] 徐玖平. 基于 Hausdorff 度量模糊多指标群决策的 TOPSIS 方法 [J]. 系统工程理论与实践，2002，22 (10)：84-93.

[259] 徐玖平，吴巍. 多属性决策的理论与方法 [M]. 北京：清华大学出版

社, 2006.

[260] 徐选华, 周声海, 周艳菊, 等. 基于乘法偏好关系的群一致性偏差熵多属性群决策方法 [J]. 控制与决策, 2014, 29 (2): 257-262.

[261] 徐泽水. 模糊互补判断矩阵排序的一种算法 [J]. 系统工程学报, 2001, 16 (4): 311-314.

[262] 徐泽水, 达庆利. 区间数的排序方法研究 [J]. 系统工程, 2001, 19 (6): 94-96.

[263] 严鸿和, 陈玉祥, 许昭明, 等. 专家评分机理与最优综合评价模型 [J]. 系统工程理论与实践, 1989, 9 (2): 19-23.

[264] 燕靖, 梁吉业. 混合多属性群决策中的群体一致性分析方法 [J]. 中国管理科学, 2011, 19 (6): 133-140.

[265] 杨宝臣, 陈跃. 基于变权和 TOPSIS 方法的灰色关联决策模型 [J]. 系统工程, 2011, 29 (6): 106-112.

[266] 杨威, 庞永峰. 一个基于不确定动态几何加权平均算子的多属性决策方法 [J]. 数学的实践与认识, 2011, 41 (8): 14-18.

[267] 姚平, 陈华友, 周礼刚. 幂调和平均算子及其在模糊偏好关系群决策中的应用 [J]. 运筹与管理, 2012, 21 (5): 85-90.

[268] 尤天慧, 樊治平. 区间数多指标决策中确定指标权重的一种客观赋权法 [J]. 中国管理科学, 2003, 11 (2): 92-95.

[269] 张全, 樊治平, 潘德惠. 不确定性多属性决策中区间数的一种排序方法 [J]. 系统工程理论与实践, 1999, 5: 129-133.

[270] 张文德, 丁源. 基于多属性群决策的电子商务知识产权风险评估方法研究 [J]. 情报科学, 2014, 32 (1): 133-137.

[271] 张晓, 樊治平. 基于前景理论的风险型混合多属性决策方法 [J]. 系统工程学报, 2012, 21 (3): 44-50.

[272] 张卓. 混合信息的多属性决策研究 [J]. 计算机与数字工程, 2014, 42 (12): 2433-2442.

[273] 赵新泉, 彭勇行. 管理决策分析 [M]. 2 版. 北京: 科学出版社, 2008.

[274] 镇常青. 多目标决策中的权重调查确定方法 [J]. 系统工程理论与实践, 1987, 7 (2): 16-24.

[275] 钟嘉庆, 胡华伟, 马丽叶, 等. 基于多场景和区间模糊数的输电网规划综合决策 [J]. 系统工程理论与实践, 2013, 33 (9): 2347-2353.

附　录

表 1　初始的个人决策矩阵

		C1	C2	C3			C1	C2	C3			C1	C2	C3
e_1	A1	0.9	[2, 3]	(0.6, 0.7, 0.8)	e_2	A1	0.1	[5, 6]	(0.2, 0.3, 0.4)	e_3	A1	0.2	[5, 6]	(0.1, 0.2, 0.3)
	A2	0.8	[1, 2]	(0.3, 0.4, 0.5)		A2	0.5	[5, 6]	(0.7, 0.8, 0.9)		A2	0.5	[4, 5]	(0.7, 0.8, 0.9)
	A3	0.7	[7, 8]	(0.4, 0.5, 0.6)		A3	0.5	[2, 3]	(0.6, 0.7, 0.8)		A3	0.4	[2, 3]	(0.5, 0.6, 0.7)
	A4	0.6	[1, 2]	(0.1, 0.2, 0.3)		A4	0.8	[2, 3]	(0.6, 0.7, 0.8)		A4	0.3	[2, 3]	(0.5, 0.6, 0.7)
	A5	0.5	[8, 9]	(0.3, 0.4, 0.5)		A5	0.6	[8, 9]	(0.3, 0.4, 0.5)		A5	0.5	[7, 8]	(0.2, 0.3, 0.4)
e_4	A1	0.2	[3, 4]	(0.2, 0.3, 0.4)	e_5	A1	0.9	[4, 5]	(0.2, 0.3, 0.4)	e_6	A1	0.4	[3, 4]	(0.1, 0.2, 0.3)
	A2	0.5	[5, 6]	(0.7, 0.8, 0.9)		A2	0.1	[5, 6]	(0.7, 0.8, 0.9)		A2	0.5	[3, 4]	(0.2, 0.3, 0.4)
	A3	0.5	[2, 3]	(0.6, 0.7, 0.8)		A3	0.3	[1, 2]	(0.7, 0.8, 0.9)		A3	0.1	[7, 8]	(0.7, 0.8, 0.9)
	A4	0.9	[3, 4]	(0.5, 0.6, 0.7)		A4	0.5	[5, 6]	(0.6, 0.7, 0.8)		A4	0.4	[1, 2]	(0.7, 0.8, 0.9)
	A5	0.6	[7, 8]	(0.3, 0.4, 0.5)		A5	0.6	[4, 5]	(0.2, 0.3, 0.4)		A5	0.2	[1, 2]	(0.3, 0.4, 0.5)
e_7	A1	0.7	[1, 2]	(0.1, 0.2, 0.3)	e_8	A1	0.7	[1, 2]	(0.1, 0.2, 0.3)	e_9	A1	0.4	[3, 4]	(0.2, 0.3, 0.4)
	A2	0.5	[3, 4]	(0.2, 0.3, 0.4)		A2	0.5	[3, 4]	(0.2, 0.3, 0.4)		A2	0.9	[4, 5]	(0.3, 0.4, 0.5)
	A3	0.6	[5, 6]	(0.1, 0.2, 0.3)		A3	0.7	[5, 6]	(0.1, 0.2, 0.3)		A3	0.9	[7, 8]	(0.8, 0.9, 1.0)
	A4	0.4	[8, 9]	(0.3, 0.4, 0.5)		A4	0.4	[8, 9]	(0.3, 0.4, 0.5)		A4	0.1	[5, 6]	(0.2, 0.3, 0.4)
	A5	0.4	[1, 2]	(0.2, 0.3, 0.4)		A5	0.4	[1, 2]	(0.2, 0.3, 0.4)		A5	0.9	[1, 2]	(0.7, 0.8, 0.9)
e_{10}	A1	0.4	[1, 2]	(0.1, 0.2, 0.3)	e_{11}	A1	0.4	[8, 9]	(0.3, 0.4, 0.5)	e_{12}	A1	0.6	[5, 6]	(0.4, 0.5, 0.6)
	A2	0.7	[4, 5]	(0.1, 0.2, 0.3)		A2	0.3	[7, 8]	(0.3, 0.4, 0.5)		A2	0.7	[5, 6]	(0.5, 0.6, 0.7)
	A3	0.9	[1, 2]	(0.5, 0.6, 0.7)		A3	0.7	[7, 8]	(0.2, 0.3, 0.4)		A3	0.5	[3, 4]	(0.3, 0.4, 0.5)
	A4	0.6	[2, 3]	(0.1, 0.2, 0.3)		A4	0.5	[1, 2]	(0.1, 0.2, 0.3)		A4	0.6	[1, 2]	(0.7, 0.8, 0.9)
	A5	0.6	[4, 5]	(0.7, 0.8, 0.9)		A5	0.9	[4, 5]	(0.1, 0.2, 0.3)		A5	0.4	[2, 3]	(0.6, 0.7, 0.8)

表1(续)

		C1	C2	C3			C1	C2	C3			C1	C2	C3
e_{13}	A1	0.1	[6, 7]	(0.1, 0.2, 0.3)	e_{14}	A1	0.2	[3, 4]	(0.1, 0.2, 0.3)	e_{15}	A1	0.3	[8, 9]	(0.6, 0.7, 0.8)
	A2	0.5	[3, 4]	(0.3, 0.4, 0.5)		A2	0.5	[7, 8]	(0.1, 0.2, 0.3)		A2	0.4	[3, 4]	(0.2, 0.3, 0.4)
	A3	0.7	[3, 4]	(0.4, 0.5, 0.6)		A3	0.7	[4, 5]	(0.3, 0.4, 0.5)		A3	0.5	[3, 4]	(0.6, 0.7, 0.8)
	A4	0.9	[1, 2]	(0.3, 0.4, 0.5)		A4	0.4	[5, 6]	(0.1, 0.2, 0.3)		A4	0.4	[3, 4]	(0.3, 0.4, 0.5)
	A5	0.4	[1, 2]	(0.7, 0.8, 0.9)		A5	0.4	[7, 8]	(0.4, 0.5, 0.6)		A5	0.7	[3, 4]	(0.6, 0.7, 0.8)
e_{16}	A1	0.2	[3, 4]	(0.1, 0.2, 0.3)	e_{17}	A1	0.5	[5, 6]	(0.6, 0.7, 0.8)	e_{18}	A1	0.2	[3, 4]	(0.1, 0.2, 0.3)
	A2	0.5	[7, 8]	(0.1, 0.2, 0.3)		A2	0.4	[5, 6]	(0.1, 0.2, 0.3)		A2	0.5	[7, 8]	(0.1, 0.2, 0.3)
	A3	0.7	[4, 5]	(0.3, 0.4, 0.5)		A3	0.5	[5, 6]	(0.1, 0.2, 0.3)		A3	0.7	[4, 5]	(0.3, 0.4, 0.5)
	A4	0.4	[5, 6]	(0.1, 0.2, 0.3)		A4	0.6	[8, 9]	(0.5, 0.6, 0.7)		A4	0.4	[5, 6]	(0.1, 0.2, 0.3)
	A5	0.4	[7, 8]	(0.4, 0.5, 0.6)		A5	0.4	[1, 2]	(0.3, 0.4, 0.5)		A5	0.4	[7, 8]	(0.4, 0.5, 0.6)
e_{19}	A1	0.9	[4, 5]	(0.8, 0.9, 1.0)	e_{20}	A1	0.3	[6, 7]	(0.2, 0.3, 0.4)					
	A2	0.1	[5, 6]	(0.1, 0.2, 0.3)		A2	0.8	[2, 3]	(0.2, 0.3, 0.4)					
	A3	0.4	[4, 5]	(0.1, 0.2, 0.3)		A3	0.6	[5, 6]	(0.3, 0.4, 0.5)					
	A4	0.6	[6, 7]	(0.1, 0.2, 0.3)		A4	0.4	[6, 7]	(0.1, 0.2, 0.3)					
	A5	0.4	[4, 5]	(0.5, 0.6, 0.7)		A5	0.7	[3, 4]	(0.1, 0.2, 0.3)					

表 2　模糊相似矩阵 R

1.000	0.799	0.799	0.812	0.765	0.800	0.787	0.786	0.796	0.802	0.843	0.842	0.789	0.819	0.838	0.819	0.770	0.819	0.800	0.853
0.799	1.000	0.924	0.953	0.872	0.825	0.797	0.798	0.802	0.819	0.814	0.851	0.871	0.842	0.843	0.842	0.768	0.842	0.762	0.827
0.799	0.924	1.000	0.922	0.864	0.849	0.811	0.809	0.794	0.828	0.814	0.843	0.861	0.843	0.843	0.843	0.765	0.843	0.753	0.840
0.812	0.953	0.922	1.000	0.888	0.823	0.824	0.823	0.817	0.845	0.813	0.852	0.848	0.869	0.863	0.869	0.783	0.869	0.786	0.842
0.765	0.872	0.864	0.888	1.000	0.798	0.797	0.796	0.794	0.797	0.802	0.817	0.784	0.801	0.815	0.801	0.769	0.801	0.789	0.816
0.800	0.825	0.849	0.823	0.798	1.000	0.838	0.837	0.836	0.791	0.780	0.851	0.883	0.808	0.815	0.808	0.803	0.808	0.751	0.791
0.787	0.797	0.811	0.824	0.797	0.838	1.000	0.997	0.837	0.838	0.776	0.843	0.819	0.821	0.807	0.821	0.855	0.821	0.795	0.812
0.786	0.798	0.809	0.823	0.796	0.837	0.997	1.000	0.837	0.836	0.776	0.836	0.819	0.821	0.806	0.821	0.853	0.821	0.796	0.811
0.796	0.802	0.794	0.817	0.794	0.836	0.837	0.837	1.000	0.807	0.784	0.813	0.834	0.835	0.835	0.835	0.805	0.835	0.786	0.833
0.802	0.819	0.828	0.845	0.797	0.791	0.838	0.836	0.807	1.000	0.785	0.792	0.804	0.926	0.842	0.926	0.768	0.926	0.821	0.813
0.843	0.814	0.814	0.813	0.802	0.780	0.776	0.776	0.784	0.785	1.000	0.856	0.799	0.809	0.836	0.809	0.771	0.809	0.800	0.868
0.842	0.851	0.843	0.852	0.817	0.851	0.843	0.836	0.813	0.792	0.856	1.000	0.852	0.819	0.868	0.819	0.835	0.819	0.800	0.831
0.789	0.871	0.861	0.848	0.784	0.883	0.819	0.819	0.834	0.804	0.799	0.852	1.000	0.835	0.836	0.835	0.780	0.835	0.760	0.812
0.819	0.842	0.843	0.869	0.801	0.808	0.821	0.821	0.835	0.926	0.809	0.819	0.835	1.000	0.873	1.000	0.794	1.000	0.847	0.855
0.838	0.843	0.843	0.863	0.815	0.815	0.807	0.806	0.835	0.842	0.836	0.868	0.836	0.873	1.000	0.873	0.836	0.873	0.849	0.875
0.819	0.842	0.843	0.869	0.801	0.808	0.821	0.821	0.835	0.926	0.809	0.819	0.835	1.000	0.873	1.000	0.794	1.000	0.847	0.855
0.770	0.768	0.765	0.783	0.769	0.803	0.855	0.853	0.805	0.768	0.771	0.835	0.780	0.794	0.836	0.794	1.000	0.794	0.845	0.791
0.819	0.842	0.843	0.869	0.801	0.808	0.821	0.821	0.835	0.926	0.809	0.819	0.835	1.000	0.873	1.000	0.794	1.000	0.847	0.855
0.800	0.762	0.753	0.786	0.789	0.751	0.795	0.796	0.786	0.821	0.800	0.800	0.760	0.847	0.849	0.847	0.845	0.847	1.000	0.812
0.853	0.827	0.840	0.842	0.816	0.791	0.812	0.811	0.833	0.813	0.868	0.831	0.812	0.855	0.875	0.855	0.791	0.855	0.812	1.000

表 3　模糊等价矩阵 R^*

1.000	0.853	0.853	0.853	0.853	0.853	0.845	0.845	0.837	0.853	0.853	0.853	0.853	0.853	0.853	0.853	0.845	0.853	0.849	0.853
0.853	1.000	0.924	0.953	0.888	0.871	0.845	0.845	0.837	0.869	0.868	0.868	0.871	0.869	0.869	0.869	0.845	0.869	0.849	0.869
0.853	0.924	1.000	0.924	0.888	0.871	0.845	0.845	0.837	0.869	0.868	0.868	0.871	0.869	0.869	0.869	0.845	0.869	0.849	0.869
0.853	0.953	0.924	1.000	0.888	0.871	0.845	0.845	0.837	0.869	0.868	0.868	0.871	0.869	0.869	0.869	0.845	0.869	0.849	0.869
0.853	0.888	0.888	0.888	1.000	0.871	0.845	0.845	0.837	0.869	0.868	0.868	0.871	0.869	0.869	0.869	0.845	0.869	0.849	0.869
0.853	0.871	0.871	0.871	0.871	1.000	0.845	0.845	0.837	0.869	0.868	0.868	0.883	0.869	0.869	0.869	0.845	0.869	0.849	0.869
0.845	0.845	0.845	0.845	0.845	0.845	1.000	0.997	0.837	0.845	0.845	0.845	0.845	0.845	0.845	0.845	0.855	0.845	0.845	0.845
0.845	0.845	0.845	0.845	0.845	0.845	0.997	1.000	0.837	0.845	0.845	0.845	0.845	0.845	0.845	0.845	0.855	0.845	0.845	0.845
0.837	0.837	0.837	0.837	0.837	0.837	0.837	0.837	1.000	0.837	0.837	0.837	0.837	0.837	0.837	0.837	0.837	0.837	0.837	0.837
0.853	0.869	0.869	0.869	0.869	0.869	0.845	0.845	0.837	1.000	0.868	0.868	0.869	0.926	0.873	0.926	0.845	0.926	0.849	0.873
0.853	0.868	0.868	0.868	0.868	0.868	0.845	0.845	0.837	0.868	1.000	0.868	0.868	0.868	0.868	0.868	0.845	0.868	0.849	0.868
0.853	0.868	0.868	0.868	0.868	0.868	0.845	0.845	0.837	0.868	0.868	1.000	0.868	0.868	0.868	0.868	0.845	0.868	0.849	0.868
0.853	0.871	0.871	0.871	0.871	0.883	0.845	0.845	0.837	0.869	0.868	0.868	1.000	0.869	0.869	0.869	0.845	0.869	0.849	0.869
0.853	0.869	0.869	0.869	0.869	0.869	0.845	0.845	0.837	0.926	0.868	0.868	0.869	1.000	0.873	1.000	0.845	1.000	0.849	0.873
0.853	0.869	0.869	0.869	0.869	0.869	0.845	0.845	0.837	0.873	0.868	0.868	0.869	0.873	1.000	0.873	0.845	0.873	0.849	0.875
0.853	0.869	0.869	0.869	0.869	0.869	0.845	0.845	0.837	0.926	0.868	0.868	0.869	1.000	0.873	1.000	0.845	1.000	0.849	0.873
0.845	0.845	0.845	0.845	0.845	0.845	0.855	0.855	0.837	0.845	0.845	0.845	0.845	0.845	0.845	0.845	1.000	0.845	0.845	0.845
0.853	0.869	0.869	0.869	0.869	0.869	0.845	0.845	0.837	0.926	0.868	0.868	0.869	1.000	0.873	1.000	0.845	1.000	0.849	0.873
0.849	0.849	0.849	0.849	0.849	0.849	0.845	0.845	0.837	0.849	0.849	0.849	0.849	0.849	0.849	0.849	0.845	0.849	1.000	0.849
0.853	0.869	0.869	0.869	0.869	0.869	0.845	0.845	0.837	0.873	0.868	0.868	0.869	0.873	0.875	0.873	0.845	0.873	0.849	1.000